2018年全国农作物绿色高质高效技术模式

农业农村部种植业管理司
全国农业技术推广服务中心　编著

中国农业科学技术出版社

图书在版编目（CIP）数据

2018年全国农作物绿色高质高效技术模式 / 农业农村部种植业管理司，全国农业技术推广服务中心编著. —北京：中国农业科学技术出版社，2019.6

ISBN 978-7-5116-4064-2

Ⅰ. ①2… Ⅱ. ①农… ②全… Ⅲ. ①作物—高产栽培—无污染技术—中国 Ⅳ. ①S318

中国版本图书馆 CIP 数据核字（2019）第 037738 号

责任编辑	李冠桥
责任校对	马广洋
出 版 者	中国农业科学技术出版社
	北京市中关村南大街12号　　邮编：100081
电 话	（010）82109705（编辑室）　（010）82109702（发行部）
	（010）82109709（读者服务部）
传 真	（010）82106625
网 址	http: // www.CASTP.cn
经 销 者	各地新华书店
印 刷 者	北京富泰印刷有限责任公司
开 本	850mm×1 168mm　1/32
印 张	6.25
字 数	144千字
版 次	2019年6月第1版　2019年6月第1次印刷
定 价	39.00元

《2018年全国农作物绿色高质高效技术模式》

编著委员会

随着粮食和农业连年丰收和多年不懈努力，我国农业农村发展不断迈上新台阶，农业农村经济发展也进入新的历史阶段。巩固提升粮食综合生产能力，推动农业从增产导向转向提质导向，是增强我国农业创新力和竞争力、实现农业高质量发展和乡村绿色发展方式的必然选择，也是实施乡村振兴战略的内在要求。2008年以来，农业农村部启动实施粮油高产创建活动，到2018年已连续实施11年，为巩固提升粮食产能发挥了重要作用，已经成为各级农业部门抓粮食生产的主要抓手，也是各级农技推广部门开展工作的重要平台。2018年是实施乡村振兴战略的开局之年，也是农业农村部确立的农业质量年，高产创建项目内涵进一步拓展提升，聚焦绿色提质增效目标，创新组织实施方式，提出"全环节"绿色高效技术集成、"全过程"社会化服务体系构建、"全链条"产业融合模式打造、"全县域"绿色发展方式引领等"四全"理念，大力推广绿色高质高效生产技术模式，增加绿色优质农产品供给，有力促进了绿色兴农、质量兴农和品牌强农。

绿色高质高效创建实施过程中，各地围绕最适种植规模、最少药肥用量、最省人工投入和最大综合效益，总结形成一批绿色高质高效技术模式和工作经验做法。《2018年全国农作物绿色高质高效技术模式》收集了全国31个省区市、计划单列市和黑龙江农垦的粮棉油、园艺作物等绿色高质高效种植技术、综合种养模式以及产业化开发、农业扶贫的做法，筛选出代表性的技术模式和典型案例。全书由众多生产管理经验丰富的农业行政、技术推广专家编写而成，内容丰富、语言简练、图文并茂，可供各级农业管理人员、农技人员和农业生产经营主体学习参考。

本书编撰过程中得到了农业农村部种植业管理司和全国农业技术推广服务中心领导的大力支持，各省（区、市）、计划单列市、黑龙江农垦总局农业管理部门、技术推广部门也提供了大量资料和意见建议，在此一并表示衷心感谢！由于时间仓促加之水平有限，书中难免有不足之处，敬请广大读者批评指正。

编著者

2018年12月

Directory 目　录

第一部分　2018年绿色高质高效创建代表性技术模式

粮食作物"三优一统"病虫害绿色防控技术模式…………………… 3

麦稻轮作技术模式…………………………………………………… 6

小麦绿色高质高效创建模式………………………………………… 8

四节一省模式………………………………………………………… 11

玉米绿色高质高效创建集成技术模式……………………………… 14

玉米无膜浅埋滴灌水肥一体化技术规范…………………………… 17

花生小垄双行水肥一体化膜下滴灌增效模式……………………… 21

高油酸花生小垄双行降解膜覆盖绿色模式………………………… 23

玉米保护性耕作绿色高质高效种植模式…………………………… 25

玉米秸秆覆盖免耕栽培技术………………………………………… 27

水稻纸地膜覆盖有机种植技术模式………………………………… 32

休耕轮作型水稻绿色生产模式技术………………………………… 35

毯苗机插绿色高质高效技术模式…………………………………… 37

水稻两壮两高栽培技术……………………………………………… 39

水稻"叠盘出苗"技术模式………………………………………… 42

单季稻钵苗机插绿色高质高效技术集成模式……………………… 45

中稻工厂化育秧机插秧技术模式……………………48

优质稻绿色生产技术………………………………50

夏玉米精量直播晚收高产栽培技术………………54

小麦-玉米滴灌水肥一体化技术模式 ………………58

强筋小麦全环节绿色高质高效技术模式…………61

稻虾共作种养模式…………………………………64

双季稻"早加晚优"模式…………………………66

"稻油水旱轮作"模式……………………………69

香稻增香栽培技术…………………………………71

稻田养鸭种植模式技术……………………………73

中稻全程机械化+配方施肥+统防统治技术模式 …75

"晚疫病监测预警+统防统治+药剂减量"

　　节药控害增效技术………………………………77

水稻全程机械化生产技术模式……………………78

贵州稻鱼鸭综合高效技术模式……………………81

山地玉米绿色增产增效技术模式…………………85

梯田水稻稻鱼鸭综合种养技术模式………………88

测土配方施肥技术…………………………………92

关中灌区强筋小麦绿色高质高效种植模式………96

关中灌区夏玉米绿色高质高效种植模式…………99

陕南油菜节本增效技术模式……………………101

马铃薯垄上微沟栽培技术模式…………………104

玉米全膜双垄沟播栽培技术模式………………109

油菜机械覆膜穴播栽培新模式 ················ 113

水稻生态立体种养模式 ·················· 116

棉花生产全程机械化配套技术模式 ············ 118

大豆"大垄密"栽培技术模式 ·············· 125

第二部分　2018年绿色高质高效创建典型案例

北京市密云区 ····················· 131

北京市房山区 ····················· 131

天津市宁河县 ····················· 132

河北省邯郸市永年区 ·················· 132

河北省临漳县 ····················· 133

河北省赵县 ······················ 133

山西省沁水县 ····················· 134

山西省翼城县 ····················· 134

山西省岢岚县 ····················· 135

内蒙古自治区莫力达瓦达斡尔族自治旗 ········· 135

内蒙古自治区科尔沁区 ················· 136

内蒙古自治区杭锦后旗 ················· 136

辽宁省兴城市 ····················· 137

辽宁省桓仁县 ····················· 138

吉林省梨树县 ····················· 138

吉林省前郭尔罗斯蒙古族自治县 ············ 139

吉林省公主岭市 ···················· 139

黑龙江省海伦市·················· 140

黑龙江省虎林市·················· 140

黑龙江省宁安市·················· 141

黑龙江省克山县·················· 141

上海市崇明区···················· 142

江苏省海安市···················· 142

江苏省东台市···················· 142

浙江省江山市···················· 143

浙江省仙居县···················· 143

安徽省庐江县···················· 144

安徽省舒城县···················· 144

安徽省桐城市···················· 145

福建省政和、周宁县·············· 145

福建省尤溪县···················· 146

江西省丰城市···················· 147

江西省都昌县···················· 147

山东省齐河市···················· 148

山东省邹平市···················· 148

青岛市平度市···················· 149

河南省长葛市···················· 149

河南省鹿邑县···················· 150

湖北省潜江市···················· 151

湖北省蕲春县···················· 151

湖南省南县茅草街镇　152

广东省高州市　152

广东省怀集县　153

广西壮族自治区港南区　153

广西壮族自治区大新县　154

重庆市巫溪县　154

重庆市彭水县　155

重庆市江津区　155

四川省广汉市　156

四川省沿滩区　156

贵州省播州区　157

贵州省湄潭县　157

贵州省金沙县　158

云南省会泽县　158

云南省宣威市　159

云南省鲁甸县　159

西藏自治区南木林县　160

西藏自治区江孜县　160

陕西省蓝田、永寿、澄城等县　161

陕西省勉县　161

甘肃省会宁县　162

甘肃省广河县　162

青海省大通县　163

宁夏回族自治区永宁县·································163

宁夏回族自治区利通区·································164

新疆维吾尔自治区轮台县·······························164

新疆维吾尔自治区奇台县·······························165

新疆维吾尔自治区霍城县·······························165

黑龙江省农垦宝泉岭管理局梧桐河农场···················166

黑龙江省农垦前哨农场·································166

黑龙江省农垦建设农场·································167

第三部分 2018年绿色高质高效创建情况汇总

北京市···171

天津市···171

河北省···171

山西省···172

内蒙古自治区···172

辽宁省···172

吉林省···173

黑龙江省···173

上海市···174

江苏省···174

浙江省···174

安徽省···175

福建省···175

江西省···175

山东省···176

山东省青岛市··176

河南省···176

湖北省···177

湖南省···177

广东省···178

广西壮族自治区···178

重庆市···179

四川省···179

贵州省···180

云南省···180

西藏自治区···180

陕西省···181

甘肃省···181

青海省···182

宁夏回族自治区···182

新疆维吾尔自治区··183

黑龙江省农垦总局··183

第 一 部 分

2018年
绿色高质高效创建代表性技术模式

粮食作物"三优一统"病虫害绿色防控技术模式

◎ 来源：北京市

▷ 主要内容：

依托农业农村部绿色高质高效创建项目，北京市密云区集成、示范、推广了粮食作物"三优一统"病虫害绿色防控技术模式。"三优一统"即：优先生物防治与物理防治、优选高效低毒低残留农药、优化绿控技术体系，开展专业化统防统治。采用该技术模式有效控制了农药使用量，保障了农业生产安全、生态环境安全和农产品质量安全，取得了显著的生态、经济和社会效益。

1. 技术要点

（1）优先生物防治与物理防治。在全区创建作物上优先开展生物防治技术，在玉米生育期，全区释放赤眼蜂11.7亿头，亩（1亩约为667平方米，全书同）放蜂量1万头，累计防治11.7万亩次，全区实现二代玉米螟生物防治全覆盖，防治效果达85.7%。同时，优先选用除虫菊素、苦参碱等生物农药防控小麦蚜虫等病虫害。优先物理防治方面：在玉米、小麦、谷子、甘薯等示范区推广太阳能杀虫灯200余盏，辐射防控面积达2万余亩，每年可减少化学农药防治2~3次。在甘薯种苗繁育过程中，优先选用黄板、蓝板防治育苗棚内粉虱、蚜虫等小型害虫，从源头上确保甘薯种苗安全。

（2）优选高效低毒低残留农药。对各种作物病虫害开具处方，优选推荐甲氨基阿维菌素苯甲酸盐、阿维菌素等高效低毒低残留农药，通过简报、明白纸等形式，详细讲解病虫害发生特征与特性及农药使用方法，在作物生长关键时期及时发放防控简报等材料，全年发放各类技术材料2 000余份，让种植户看得清楚、用得明白。

（3）优化绿控技术方案。针对小麦、玉米、谷子、甘薯4种创建作物，按照"预防为主，综合防控"的植保方针，将物理防控、生物防控、化学防控等进行优化组合并进行技术推广，形成了小麦、玉米、谷子、甘薯等创建作物病虫害绿色防控技术规程。

（4）开展专业化统防统治。引入陈向阳农机专业合作社等专业化、社会化服务组织，引入巴西等国家大型植保统防统治机械2台，统一开展小麦、玉米除草和小麦"一喷三防"技术，每年在玉米、小麦等作物上开展统防统治面积达10万亩以上，防治效果达95%以上。

2. 效益分析

2018年北京市密云区围绕粮食作物开展"三优一统"病虫害绿色防控技术，辐射16.51万亩次，减少化学农药用量15 000余千克，全区化学农药用量较2017年减少2.92%，有效降低化学农药使用量，提高了产品品质，为保护密云的绿水青山提供了技术支撑。

3. 适宜区域

"三优一统"病虫害绿色防控技术模式适宜全国各地区。

甘薯示范田开展太阳能杀虫灯物理防治

玉米示范田开展赤眼蜂生物防治

麦稻轮作技术模式

📍 来源：天津市

▷ 主要内容：

1. 技术要点

选用早熟抗倒伏的强筋专用春小麦品种津强8号，于2月底3月初播种，科学水肥管理，病虫害绿色防控，在6月中旬收获后，及时将麦秸打捆、整地。选用早熟的优质水稻品种津原85，5月基质育秧，6月中旬春小麦收获后及时插秧，科学水肥管理，病虫害绿色防控，10月收获。

蓟州区麦稻轮作示范片

2. 效益分析

通过增施有机肥，培肥地力，改善土壤理化性状，大力推广使用测土配方施肥，改变原有的施肥方式，减少化肥使用量，使项目区化肥使用量较上年减少2%；通过使用抗逆性强的良种、种子包衣、推广病虫草害统防统治等关键技术，使项目区化学农药使用量较上年减少2%，项目区由原来的大水漫灌改为微喷灌或地龙灌溉，使项目区灌溉水有效利用系数达到0.6。

3. 适宜区域

天津市北部地区（蓟州区、宝坻区、宁河区）。

小麦绿色高质高效创建模式

📍 来源：河北省藁城区

▷ 主要内容：

强筋节水品种+播前播后两次镇压+等行全密种植+不浇越冬水+测土配方施肥+推迟春一水氮肥后移+灌浆期节水灌溉+全程绿色防控。

1. 技术要点

（1）品种选择。抗旱节水优质强筋品种藁优2018，该品种经河北省农业科学院旱作所鉴定抗旱系数达二级以上，列入河北省节水品种目录，亩播量12千克。

（2）技术措施。①整地方法：用增设了镇压辊的旋耕机进行旋耕镇压整地，播后用镇压机再次镇压。通过两次镇压，使耕层踏实5～7厘米，播种深度误差减小到1～1.5厘米，播种均匀度、出苗整齐度和耕层土壤保墒能力明显提高。②等行全密播种：全面普及"15厘米等行距"种植形式。适期晚播，精准播量，每亩基本苗22万～25万。③测土配方施肥：全面推行"控氮、减磷、补钾、配微"的优化配方施肥技术，亩施纯N 12～14千克、P_2O_5 6～8千克、K_2O 3～5千克。氮肥底追比例为由原来的3∶7调整为5∶5。拔节期和灌浆期，进行两次叶面喷施锌肥和硼肥，每次亩用量100克。④不浇越冬水：

通过两次镇压，在增强耕层土壤保墒能力，确保越冬期土壤含水量达到70%左右，干土层厚度在2厘米之内，苗情达到亩茎数80万左右、单株蘖3～4个的壮苗指标等条件下，不再浇冻水。⑤推迟春一水氮肥后移：春一水推迟到4月上旬，实行优质麦保优栽培，提升小麦品质。⑥浇好灌浆水：5月中下旬浇好灌浆水，进入6月后不再浇水。普及"小白龙"灌溉，发展固定式喷灌，亩灌水量控制在40立方米左右。⑦全程绿色防控：推广使用包衣种子，组织专业化统防统治队伍，在杂草秋治、早春"一喷多效"和中后期"一喷综防"环节，实行机械化防治病虫害，减少用药量，提高防治效果。

（3）组织形式。实行分级负责制、技术人员分包制、项目公开制、市场运行制、检查验收制、统一清册制。小麦种子、播种和病虫害绿色防控环节采用公开招标，通过社会化服务组织统一进行播种和病虫草害防治，并加强各环节的督导和规范档案管理。

（4）订单生产。藁城拥有三个大型粮食市场、粮食流通企业120余家，建有益海粮油等20余家大中型面粉加工企业，均以高于普麦0.2元/千克的价格收购强筋麦。

2. 效益分析

经济效益：亩节本增效168.95元。［增效112元+7.5元（节种）+22.5元（节肥）+1.95元（节药）+20元（节电）+5元（省工）］；社会效益：带动全区33.8万亩强筋优质小麦推广优质节水模式，实现全区小麦少浇一水，节约水资源2 000多万立方米；全区小麦绿色防控面积30万亩；测土配方施肥全覆盖；全区实现了小麦生产呈现绿色高质高效可持续发展。

3. 适宜区域

河北省藁城区梅花镇等。

藁城区小麦绿色高质高效创建万亩示范方进行早春一喷多效绿色防控

藁城区小麦绿色高质高效创建赵金万亩示范方

四节一省模式

◉ 来源：河北省柏乡县

▷ 主要内容：

通过"四节一省"技术的推广，促进小麦绿色高质高效创建。推广秸秆还田、深松整地、精细整地、测土施肥、种子包衣、适期播种、播后镇压、肥水管理、杂草秋治、病虫草统防统治等配套技术，推进化肥减量增效、农药减量控害，实现节本增效。

1. 技术要点

项目供种选用节水、抗旱、稳产的优质强筋小麦品种师栾02-1。

（1）精细整地。玉米秸秆粉碎还田，旋耕2~3遍，耕深达到17~20厘米，耕深耙实，达到地表平整、疏松、无明暗坷垃、上虚下实。

（2）测土施肥。根据土壤中测定的有机质、氮、磷、钾水平，掌握配肥"控氮、减磷、补钾、配微"的原则，推广氮、磷、钾配比为20∶17∶5总含量42%的复混肥，亩施50千克。

（3）种子包衣。用30%嘧菌酯、咪鲜胺铜盐、噻虫嗪悬浮种衣剂进行统一种子包衣。

（4）适期、等行距播种。用15厘米等行距播种，亩播种量11~12.5千克，播深3~5厘米，播后机械镇压。

（5）不浇越冬水：通过两次镇压，在增强耕层土壤保墒能力，提高冬前苗情发育质量的基础上，确保越冬期土壤含水量达到70%左右，干土层厚度在2厘米之内，苗情达到亩茎数80万左右、单株蘖3～4个的壮苗指标等条件下，不再浇冻水。

（6）推迟春一水氮肥后移。春一水推迟到4月上中旬，浇水量要比项目前每亩增加5～10立方米。实行优质麦保优栽培，提升小麦品质。

（7）春季两次节水灌溉。在3月25日至4月10日浇好起身拔节水，随水追施尿素15千克左右。在5月上中旬浇好扬花灌浆水，亩用水量不超过30立方米，可补追尿素4千克左右。

（8）统防统治。由社会化服务组织采用自走式喷杆喷雾机、无人机等新型植保器械和人工防治队进行病虫草害与一喷三防作业。

（9）适时收获。蜡熟末期采用联合收割机及时收获、入库，防止混杂。

2. 效益分析

通过推广"四节一省"技术，开展订单生产，带动全县优质强筋麦种植面积达到12万亩。具体节本增效情况如下。

（1）节水。核心区项目实施前小麦生育期浇三水共120立方米，实施后45%农户不浇封冻水，平均亩节水22立方米，50%春季不浇春二

播后镇压

水，平均亩节水20立方米，合计亩生产用水减少40立方米，实现用水量减少33%的项目目标，亩节本30元。

（2）节肥。核心区实施前底肥（氮磷钾含量45%）亩用量50千克，追肥20千克，实施后采用新型缓控释配方肥（含量降低3个），减少化肥施用量6.7%，亩节本8元。

（3）节药。核心区实施前农户分散施药，不规范，用量大，实施后采用春草秋治和春季病虫害大型机械统防统治技术，减少用药量，农药使用量减少6%，亩节本为2元。

（4）省工。项目实施前总用工9.5小时（畦、渠亩用工1小时，浇水3×2.5小时=7.5小时，打药2×0.5小时=1小时），实施后减少一水用工2.5小时占浇水用工的33.3%，专业化统防统治亩节约用工0.8小时占喷药用工的80%，合计省工3.3小时，占总用工量的34.7%，亩节本为20元。

（5）订单生产。订单企业在小麦回收时，以高于市场价0.20元/千克收购，2017年产量508千克，实现亩增效100元。以上共计实现亩节本增效160元，全县节本增效1 920万元。

3.适宜区域

河北省柏乡县等。

化学防控

玉米绿色高质高效创建集成技术模式

📍 来源：山西省屯留县

▷ 主要内容：

　　山西省屯留县玉米绿色高质高效创建项目坚持以创新、协调、绿色、开放、共享的发展理念为统领，以促进粮食稳定发展和农民持续增收为目标，以主要粮食作物玉米为重点，在李高乡、河神庙乡、丰宜镇、上村镇、渔泽镇5个乡镇开展整区实施，强化扶持政策，依靠科技进步，集成推广成熟实用技术，打造绿色高质高效攻关升级版，引领农业生产方式变革，持续提升屯留县玉米综合生产能力。

　　1. 技术要点

　　根据屯留县玉米生产的限制因素，结合项目区实际，重点推广"四提四降"技术模式，提高秸秆还田率，降低农业面源污染；提高配方施肥率，降低化肥使用量；提高统防统治率，降低化学农药使用量；提高耕种收机械化率，降低人工投入成本。采取选择优良品种、高产栽培模式、构建高产群体结构及测土平衡施肥、病虫草害综合防治等配套技术，示范与辐射推广相结合的技术路线，增加农民收入为目标，实现科研成果与生产实践的良好结合。

　　2. 主要技术措施

　　（1）统一选用优良品种。项目区玉米选用强盛388、先玉696、诚信16、屯玉99等主导品种，并通过统一供种方式，使良种覆盖率在示范区达到100%。

（2）统一播种期。玉米播种期4月20日至5月1日，补种在5月10日以前结束。

（3）统一种植模式。采用玉米"宽窄行"通透密植种植模式，进一步优化通风透光、增强抗倒伏力。宽行行距为75厘米，窄行45厘米，亩均株数4 000株。

（4）统一实施配方施肥。按照近年3个乡镇的测土配方实施情况，在项目区提供2～3个施肥配方。根据测土配方施肥建议卡推荐施肥量进行施肥，做到氮、磷、钾合理配施。

（5）统一实行病虫害绿色防控。坚持"预防为主、综合防治"的原则，全面应用无人机施药进行病虫草害的防治，主要针对玉米黏虫、蚜虫、玉米螟和玉米大小斑病的防治，统防统治面积力争达到100%。

（6）统一机械化耕种收。在上年秋收后，统一进行机械化秸秆粉碎还田和深松耕，播种期采用机械化精量播种，中耕除草采用小型中耕除草机，收获时采用机械化收割。耕种收综合机械化水平较非项目区提高5个百分点。

3. 效益分析

（1）提升了标准化和机械化水平。实施全程社会化服务摸索总结标准化生产、现代农业适度规模经营以及农业技术有针对性的快速应用推广等方

整地

面的经验，从而大幅提升玉米种植整体水平。

（2）促进质量安全和生态环保。项目区内化肥用量减少2%，农药用量减少2%，防治效果提高10.3%。此外，秸秆还田等减轻了农业面源污染，保障了农产品质量安全。

（3）有利于土地集中经营。

（4）带动了农村劳动力转移。

4. 适宜区域

山西省上党盆地及太岳丘陵中晚熟玉米区。主要包括长治市的潞州区、上党区、屯留区、潞城区、襄垣县、平顺县、黎城县、壶关县、长子县、武乡县、沁县、沁源县，晋城市的泽州县、陵川县和高平市，临汾市的安泽县、古县，晋中市的平遥县、介休市和灵石县。

规模经营大田

玉米无膜浅埋滴灌水肥一体化技术规范

📍 来源：内蒙古自治区

▷ 主要内容：

玉米无膜浅埋滴灌水肥一体化是在有灌溉条件的地块，在不覆地膜的前提下，采用宽窄行种植模式，将滴灌带埋设于窄行中间深度2～4厘米处，利用输水管道将具有一定压力的水经滴灌带以水滴的形式缓慢而均匀地滴入植物根部附近土壤的一种灌溉技术。

1. 技术要点

①选地。选择具有灌溉条件的玉米种植区，并符合产地环境条件要求。②整地。每亩施入腐熟农家肥2 000～3 000千克。播种前春旋耕15厘米左右。要求耕垄直，百米直线度≤15厘米，耕幅一致。达到上虚下实、土碎无坷垃。③种子选择。选择通过国家或内蒙古自治区审定或引种备案的，适宜内蒙古地区种植的高产、优质、多抗、耐密、适于机械化种植的品种。种子纯度达到96%、净度98%，发芽率达到93%以上的包衣种子。④播种。4月下旬至5月上旬，当5～10厘米土层温度稳定8～10℃时，即可播种。每亩用种量1.5～2.5千克，精量播种。采用宽窄行种植模式。一般窄行35～40厘米，宽行80～85厘米，株距根据密度确定。原则上根据品种特性、土壤肥力状况和积温条件确定种植密度。一般中上等肥力地块

播种密度5 000～5 500株/亩；中低产田播种密度4 500～5 000株/亩。播种机选用无膜浅埋滴灌精量播种铺带一体机，也可利用改装的宽窄行播种机或者膜下滴灌播种机。播种的同时将滴灌带埋入窄行中间2～4厘米沟内，同时完成施种肥、播种、覆土、镇压等作业。质地黏重的土壤播深3～4厘米，沙质土5～6厘米，深浅一致，覆土均匀。以800～1 000千克/亩为产量目标，施种肥量为纯N 3～5千克/亩、P_2O_5 6～8千克/亩、K_2O 2.5～4千克/亩。侧深施10～15厘米，严禁种、肥混合。

⑤水肥管理。有效降水量在300毫米以上的地区，保水保肥良好的地块，整个生育期一般滴灌6～7次，灌溉定额为130～160立方米/亩；保水保肥差的地块，整个生育期滴灌8次左右，灌溉定额为160～180立方米/亩。有效降水量在200毫米左右的地区，灌溉定额为200立方米/亩左右。播种结束后及时滴出苗水，保证种子发芽出苗，如遇极端低温，应躲过低温滴水。生育期内，灌水次数视降雨量情况而定。一般6月中旬滴拔节水，水量25～30立方米/亩，以后田间持水量低于70%时及时灌水，每次滴灌20立方米/亩左右，9月中旬停水。滴灌启动30分钟内检查滴灌系统一切正常后继续滴灌，毛管两侧30厘米土壤润湿即可。追肥以氮肥为主配施微肥，氮肥遵循前控、中促、后补的原则，整个生育期追肥3次，施入纯N 15～18千克/亩。第一次拔节期施入纯N 9～11千克/亩；第二次抽雄前施入纯N 3～4千克/亩；第三次灌浆期施入剩余氮肥。每次追肥时可额外添加磷酸二氢钾1千克。追肥结合滴水进行，施肥前先滴清水30分钟以上，待滴灌带得到充分清洗，检查田间给水一切正常后开始施肥。施肥结束后，再连续滴灌30分钟以上，将管道中残留的肥液冲净，防止化

肥残留结晶阻塞滴灌毛孔。⑥化学除草。播后苗前选择符合GB/T 8321要求的除草剂防除杂草。除草剂使用人员安全符合NY/T 1276—2007要求。⑦宽行中耕。苗期第一次中耕，深度10厘米；拔节期第二次中耕，深度15～20厘米。⑧病虫害综合防治。生育期间及时防治玉米螟、黏虫、红蜘蛛、蚜虫、大小斑病、丝黑穗等病虫害。农药使用应符合GB/T 8321；农药使用人员安全符合NY/T 1276—2007。⑨收获。收获前回收滴灌带。9月末至10月初玉米生理成熟一周后即可收获。选用适宜的玉米收获机械，作业包括摘穗、剥皮、集箱以及茎秆粉碎还田作业。一般果穗损失率≤3%，籽粒破碎率≤1%，苞叶剥净率≥85%。

玉米无膜浅埋滴灌春播现场

2. 效益分析

根据内蒙古自治区通辽市种植成本效益分析，无膜浅埋滴灌水肥一体化技术种植地块玉米平均亩产810.6千克，亩成本565元，按玉米籽粒价格1.4元/千克计算，亩产值1 134.8元，亩纯收益569.8元。无膜浅埋滴灌水肥一体化技术具有节水、节肥、省工、省时、投入少以及污染小等优点。有利于改良土壤，改善作物田间小气候，减少病虫害传播，形成节水、高效、环保、安全的农业生态环境。

3. 适宜区域

适合有灌溉条件、土质肥沃、疏松的玉米优势产区。

应用无膜浅埋滴灌水肥一体化技术玉米出苗期

花生小垄双行水肥一体化膜下滴灌增效模式

📍 来源：辽宁省

> **主要内容：**

1. 技术路线

优良品种+合理施肥+小垄双行+水肥一体化膜下滴灌+病虫害绿色防控+全程机械化。

2. 技术要点

一是选用良种。选择适宜本地种植的优质花生品种"花育34"。二是合理施肥。播种时每亩施入生物菌剂20千克，复合肥20千克，硫酸锌1～1.5千克，钙肥10千克。在开花下针期、膨果期结合滴灌每次施用尿素2千克/亩、磷酸二铵2千克/亩和硝酸钙1千克/亩，随病虫害防控时叶面喷施2次磷酸二氢钾，每亩70克。三是小垄双行。垄宽85厘米，垄面宽50～55厘米，垄高10～12厘米，小行距25～30厘米，亩保苗20 000株左右。滴灌带铺设于垄上小行距双垄中间。四是水肥一体化膜下滴灌。在苗期、花针期、结荚期根据土壤墒情分别滴灌1次。第一次于播种至出苗期，如土壤湿度不足最大持水量60%时，膜下滴灌水量约5立方米/亩，能保证土壤返潮即可。第二次为开花期至下针期，土壤湿度不足最大持水量60%时进行滴灌，水量约10立方米/亩。第三次为下针至荚果膨大期，灌水量为10～30立方米/亩。后两次随水冲施尿素、二铵和钙肥。

五是病虫害绿色防治。生物防治——田间统一悬挂诱捕器防治花生棉铃虫，一亩地一个，在6—8月，每月更换一次诱芯。在花生团棵期、花针期、饱果期适时进行"3喷3防"。团棵期叶面喷施碧护+甲壳素+吡唑醚菌酯。花针期叶面喷施碧护+甲壳素+吡唑醚菌酯+噻呋酰胺，饱果期叶面喷施吡唑醚菌酯+磷酸二氢钾。采用植保无人机飞防或机械进行统防统治。六是全程机械化。与农机合作社合作，花生耕种防收全程实施托管服务。

3. 效益分析

该模式共涉及南大核心示范区和元台子核心示范区2个核心示范区，推广应用了0.101 9万亩，实现亩均节约成本20元，增加效益208元，亩节本增效228元。共帮助农户增加收入23.2万元。

4. 适宜区域

辽西花生种植地区。

南大核心区采用花生小垄双行水肥一体化膜下滴灌
增效模式，花生出苗整齐、苗期长势良好

高油酸花生小垄双行降解膜覆盖绿色模式

📍 来源：辽宁省

▷ 主要内容：

1. 技术路线

高油酸花生+深翻+小垄双行+合理施肥+降解膜覆盖+病虫害绿色防控+全程机械化。

2. 技术要点

一是选用高油酸花生新品种"冀花16"，播种时地温在18℃以上；二是深翻整地。查看20厘米左右土层墒情，用手握住土壤后成团不散，可确定土壤墒情适宜，用拖拉机及配套机具进行整地，耕深25～30厘米，翻后立即起垄，减少晾晒时间，保护好底墒；三是小垄双行。垄宽85厘米，双行单粒精播，小行距25～30厘米，亩播种量18千克，亩保苗18 000株左右；四是合理施肥。每亩施入生物菌剂20千克，复合肥30千克，硫酸锌1～1.5千克、钙肥10千克；五是降解膜覆盖。膜宽850毫米，膜厚0.004毫米，起垄—播种—施肥—打除草剂—覆膜—镇压一次完成；六是病虫害绿色防控。采用性诱捕器进行生物防治同时在花生团棵期、花针期、饱果期结合水肥管理进行"3喷3防"，采用植保无人机飞防或机械进行统防统治。七是全程机械化。与农机合作社合作，花生耕种防收全程实施托管服务。

3. 效益分析

该模式共涉及2个核心示范区，推广应用了0.100 3亩，实现亩均节约成本154元，增加效益367.6元，每亩节本增效521.6元，共帮助农户增加收入52.3万元。

4. 适宜区域

辽西花生种植地区。

曹庄核心示范区全部采用性诱捕器防治花生棉铃虫，防治效果明显

玉米保护性耕作绿色高质高效种植模式

📍 来源：辽宁省

▷ **主要内容：**

1. 技术路线

耐密品种+秋秸秆还田一年深翻两年深松免耕+大垄双行单粒精播密植+侧深施肥+生物防治+机械收获。

2. 技术要点

①选用良种。选用优良玉米品种铁研58、宏硕899。②秋深翻（秸秆还田）整地。用210马力拖拉机进行灭茬深翻，深度不小于35厘米。③深施基肥。侧深施稳定性复合肥50%（26-12-12）50千克加生物菌肥10千克，侧施深度10厘米左右。玉米专用口肥（药肥）10千克。④合理密植。待土壤温度稳定通过8℃时开始播种，适宜播期为4月15—25日；利用80马力以上配套的精量播种机进行精量单粒点播；留苗密度每亩不低于4 000株。⑤化学除草。土壤墒情适宜时用40%乙莠乙阿合剂或48%丁草胺莠去津、50%乙草胺等除草剂，对水后进行封闭除草。⑥适时追肥。拔节至小喇叭口期（6～7叶），进行侧深施追肥，亩施尿素10～15千克。⑦病虫害防治。种子全部采用种衣剂包衣，利用赤眼蜂和微毒杀虫剂康宽防治玉米螟。⑧机械收获。在玉米籽粒含水量降至25%以下时，用4行玉米联合收获机直接收获。

3. 效益分析

该模式共涉及8个核心示范区，推广应用了0.855万亩，平均亩产702.41千克，比对照595.09千克增产107.33千克，实现亩均节约成本68元、增加效益180.31元，共帮助农户增加收入212.3万元。

4. 适宜区域

东北大范围地区。

玉米秸秆覆盖免耕栽培技术

📍 来源：吉林省

> 主要内容：

玉米秸秆覆盖免耕栽培技术是一种新型耕作技术，是对农田实行免耕、少耕，尽可能减少土壤耕作，并用作物秸秆、残茬覆盖地表，主要用化学药物来控制杂草和病虫害，从而减少土壤风蚀、水蚀，保水、保土、提高土壤肥力和抗旱能力的一项先进农业耕作技术。

技术流程如下图所示：

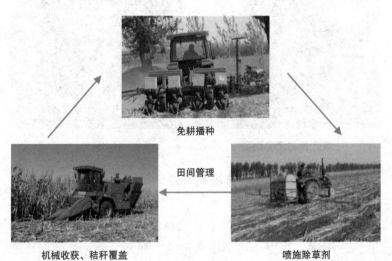

免耕播种

田间管理

机械收获、秸秆覆盖

喷施除草剂

技术流程

秸秆覆盖和免耕播种是这项技术关键环节。

1. 技术要点

（1）免耕播种。使用重型免耕播种机在秸秆覆盖的耕地上作业，一次完成侧深施化肥、苗带整理、播种开沟、单粒播种、施口肥、挤压覆土、重镇压，达到施肥、播种的农艺要求。

①侧深施化肥。a. 施肥量。总量误差不大于5%，行间误差不大于5%。b. 施肥位置。根据施肥量的变化，种子侧7～10厘米，种子下5～8厘米。

②苗带整理。a. 将覆盖于地表的秸秆、根茬、杂草、干土等两侧清理20厘米两侧宽度。b. 将施肥过程翻动的土壤压实。c. 将苗带5厘米左右深的土层进行疏松。

单元盘施肥开沟器　　　　　　　　　拔草轮

③播种开沟。在被疏松的苗带上采用双圆盘开沟器挤压开沟，沟型呈"V"字形。

④单粒播种。a. 单粒率：97%以上。b. 空穴率：4%以下。c. 深度：根据土质、墒情确定，镇压后一般2.5～3.5厘米，误差小于0.5厘米。d. 株距：均匀一致，误差小于20%。

⑤施口肥：与种子同床，使用专用口肥或有机肥，每公顷50千克左右。

⑥挤压覆土。a. 挤压合拢种沟。b. 干土、秸秆杂草不能落入种沟。c. 种子覆盖严密，盖土均匀，误差小于0.5厘米。

指夹式排种器

挤压式覆土

⑦重镇压。a. 镇压强度根据土质和墒情确定，一般的应达到650克/平方厘米，保证种子与湿土紧密接触。b. 镇压后地表不能有龟裂。

窄空心橡胶镇压轮

（2）化学除草。

①在播种后、出苗前能够形成有效降水的区域，应用喷杆式喷药机喷洒高效玉米除草剂进行地表封闭，一般选用莠去津加乙草胺混合喷洒。

②在播后、出苗前不能够形成有效降水的区域，应在出苗后玉米3~5叶期喷洒高效杀青式除草剂，做到药量足、水量大、喷洒均匀。

（3）中后期田间管理。进行防治病虫害等，可利用高杆打药机进行统一药物防治和生物防治。

（4）收获、秸秆覆盖还田。在收获作业时将秸秆覆盖在耕地表面，对于均匀行距平作的地块，将秸秆均匀覆盖地表即可；对于宽窄行和高光效地块，应将秸秆覆盖在窄行；覆盖量根据农村需求确定，但以秸秆覆盖总量>30%为宜。

化学除草　　　　　　　　　机械收获，秸秆覆盖

2. 注意事项

（1）低洼易涝地块应慎重采用此栽培技术模式，严格控制播种深度，适当浅播。

（2）根据选择品种，适时晚播。

（3）注重口肥的施用，选择专用口肥，严格控制施肥量。

（4）对于秸秆还田量大的地块，要适当增加行距或减少第二年播种茬口的秸秆量。

（5）施入的底肥和种子的距离达到7～12厘米。

（6）封闭除草时，要加入"见绿杀"，达到更好的除草效果。

（7）应用2～3年后，可视实际情况应用深松机对耕层进行疏松或深松，深松的地块深度要达30厘米以上。

3. 效益分析

梨树县应用秸秆覆盖免耕栽培技术开展创建示范，创建区玉米平均单产可达到830千克/亩左右，比县平均单产高100千克/亩。生态环保、培肥地力，节本增效。不但解决了农民焚烧秸秆污染问题、变废为宝，而且还能够保水蓄肥、增加土壤有机质含量，推动了现代农业的可持续性发展。

4. 适宜区域

吉林省中西部地区。

水稻纸地膜覆盖有机种植技术模式

📍 来源：黑龙江省庆安县

▶ **主要内容：**

1. 技术要点

（1）良种选择处理。选用高产、优质、抗逆性强品种，如龙稻18、绥粳18等。选定好品种后要在浸种之前，在外面暴晒2天，打破种子休眠。

（2）智能浸种催芽。在3月15日左右进行智能浸种催芽工作，浸种催芽时间7~9天，浸种标准水温要求控制在11℃，调整控制系统使浸种槽水温控制在11℃，温度设定上限值12℃，下限值10℃。高温促破胸，当水温达到35℃时，并将温度自动控制系统调整到32℃，（上限值33℃，下限值31℃）进入正常催芽喷淋工作状态，喷淋水温标准控制在32℃，时间10~12小时，促使种子早破胸。

（3）超早钵育育苗。为有效抢夺积温，育壮苗、大苗，较常规浸种催芽提前10~15天，播种在3月22日左右，采用434孔钵体盘，室内精量播种，叠盘放置，密闭加温30~32℃，48小时即可出苗立针，降至常温移出室内，大棚摆盘育苗，苗床表面覆盖地膜、上支小拱棚，加外层大棚，即"三膜管理"。

（4）泡田整地施肥。根据春季水量情况，应在4月15日以后择机泡田，在泡田前1日撒施有机肥或生物菌肥，泡田2～3天后搅浆整地，深度10～15厘米，沉淀7～10天待插。每亩施农家肥2吨以上或每亩施生物有机肥适量。底肥生物有机肥于翻地前施入。肥料结合春翻混入耕层7～10厘米，然后泡田平整。蘖肥返青后立即追蘖肥，追施生物有机肥。

（5）覆膜插秧一体。纸地膜是由庆安县银泉纸业利用水稻秸秆生产，秸乐公司分装加工销售，无污染、可降解；配套洋马高速6行插秧机，在机械前端加装覆膜器，达到纸地膜覆盖于插秧一体化，效率每天80亩左右，纸地膜覆盖种植可以达到抑草、省水和减药增肥的作用。

（6）田间管理防控。对纸地膜覆盖田，膜间采取人工除草，安置杀虫灯、诱蛾器物理灭虫，无人机喷施枯草芽孢杆菌预防稻瘟病。

（7）秸秆离田秋翻。秋收以后，采取机械打包或人工打捆将水稻秸秆离田，后送银泉纸业生产纸地膜，形成循环。离田后，按照"两旋一翻"的耕作顺序，适时秋整地。

2. 效益分析

水稻纸地膜覆盖有机种植技术是在有机种植基础上，应用纸地膜覆盖替代塑料膜，纸地膜亩成本260元，高于塑料膜70元左右，改装机械每台1.78万元，亩总种植成本（种子、有机肥、纸地膜、育秧、防控、收获等）1 600元左右，较普通种植亩增加成本900元左右；纸地膜覆盖有机种植水稻平均亩产400千克左右、售价每千克6.4元、亩产出效益2 560元，亩纯利润960元；普通水稻亩平均产量500千克，售价每千克2.6元、亩产出效益1 300元，亩纯利润600元。纸地膜覆盖有机种植水稻亩利润比普通种植水稻亩利润多360元。

3. 适宜区域

该技术适用于优质水稻种植地区，要求农民有较高栽培水平，能够实现订单种植，有自主品牌，销售渠道畅通，农产品可追溯。

水稻育秧

纸膜覆盖插秧

休耕轮作型水稻绿色生产模式技术

📍 来源：上海市

▷ 主要内容：

利用豆科植物根瘤菌生物固氮作用，和稻田冬耕晒垡肥田等功效，以采用全程机械化作业为手段，实施用地与养地相结合的水稻绿色生产，减少化肥、农药使用，提高稻米品质，实现耕地资源永续利用和可持续发展。

1. 技术要点

（1）"绿肥—稻""冬耕晒垡—稻"茬口模式应用。其中，绿肥通常以冬季豆科类作物为主，包括蚕豆、紫云英、金花菜等，并以新鲜植物体就地翻压作为肥源和培肥土壤，要求绿肥鲜草产量1 250～1 750千克；冬耕晒垡地要求11月底之前进行犁翻，并连同前茬水稻秸秆实施全量还田，耕深20厘米左右。年度间要求冬季绿肥种植与冬耕晒垡地轮换实施，即"绿肥—稻"和"冬耕晒垡—稻"茬口模式年度间交替应用。

（2）良种良法配套。选择米质好、产量高、抗性（抗倒、抗病虫等）强

蚕豆绿肥

的，通过审定或登记备案的优质稻品种；采用机械化育插秧或机械穴直播栽培，强调适期早播早栽，合理掌握基本苗，调控高峰苗，提高成穗率和结实率，实现水稻稳产高产。要求年度间早、中、晚水稻品种实现合理轮换。

水稻示范片

（3）减少氮化肥使用。水稻全生育期总用氮量15～18千克；氮、磷、钾配比1：0.3：0.3；前、后期氮化肥比例（10：0）～（8：2）。

（4）注重水稻绿色防控。以尽可能减少化学农药使用、保持和优化稻田生态系统为基础，综合应用农业防治、物理防治、生物防治、化学防治等技术手段，提倡专业化统防统治，实现水稻绿色防控。

2. 效益分析

与常规生产比较，每亩减少化肥用量10%以上，减少化学农药（折百）10%以上；按每亩水稻产量500千克、平均出米率68%、每千克大米平均销售价8元计算，亩均产值2 720元，扣除生产成本、加工成本以及包装和销售成本，亩均经济效益提高30%以上。

3. 适宜区域

长江中下游稻作区。

毯苗机插绿色高质高效技术模式

来源：江苏省

主要内容：

　　毯苗机插是一项比较成熟的机械化轻简化栽培技术体系，近几年在江苏省主要稻作区域得到全面示范推广。但由于品种选择、栽培管理差异等，水稻产量和品质不平衡。究其原因主要是随着适度规模种植程度的推进，原有的"一家一户"分散种植，变成了规模化种植，部分大户技术不到位，出现了大户产量不及散户的情况。因此，如何在规模化种植模式下，将各项技术尽可能轻简化、机械化并落实到位，成为现在规模种植户急需解决的难题。

南通毯苗机插现场

1. 技术要点

以新型农业经营主体为重点，选择相对集中连片100亩以上、交通便利、农田基础设施配套完善、技术模式示范效果好的区域，苏北地区选用优质食味水稻品种南粳2728、徐稻9号，苏中地区选择南粳9108、扬粳805，沿江苏南地区选择南粳46、苏香粳100、南粳5055、宁粳8号等，通过规模化机械化标准化集中育秧、机插施肥除草一体化技术，病虫害绿色防控技术，实现良种与良法、农机与农艺、示范与推广结合，平衡提升水稻产量、品质和效益。

2. 效益分析

省工节本增效100元左右。

3. 适宜区域

江苏省稻作区。

水稻两壮两高栽培技术

📍 来源：浙江省

▷ 主要内容：

"两壮"即壮苗、壮秆，"两高"即更高的群体总颖花量（亩有效穗数×每穗总粒数）、更高的籽粒充实度（结实率、千粒重）。"两壮两高"栽培技术主要是以培育壮苗为基础，以壮秆大穗为主攻方向，以适宜苗穗数量来构建高光效群体，以肥水促控挖掘个体生长潜能，以足穗大穗来获取更高颖花量，以粗壮茎秆为物质支撑来获得更高的结实率和千粒重。

1. 技术要点

（1）因地制宜选品种。根据当地生态条件和对品种生育特性的要求，因地制宜科学选用大穗型品种。

（2）基质叠盘育壮苗。机插水稻基质叠盘育苗，主要过程包括由育秧中心完成育秧床土或基质准备、种子浸种消毒、催芽处理、流水线播种、温室或大棚内叠盘、保温保湿出苗等。

（3）稀植早发促壮秆。根据目标产量适宜穗数和秧苗素质等确定合理基本苗，实行宽行、少本、稀植、足苗，促进壮苗早发，播后40天内够苗，为中后期群体通风透光、强根壮秆、形成高光效群体奠定基础。

（4）三沟配套调水气。整理田块时在田块中开"田"或

"中"字形沟，沟宽约40厘米、沟深20~25厘米，加深田外排水沟渠，做到三沟配套，排灌顺畅，以利于调节水气，使地上部分与地下部分协调生长，促进壮苗早发、壮秆大穗。

（5）巧施穗肥保大穗。根据目标产量、土壤供氮能力（基础产量），按斯坦福差值法公式确定氮肥的施用总量，氮磷钾配合施肥。一般亩产600千克总施氮量10~12千克；亩产700~800千克，总施氮量15~19千克，其中化肥氮14~17千克。提倡增施硅肥、有机肥，施用缓释肥等新型肥料。在实际生产中，要以"看苗、适时、适量"为原则施用穗肥。

（6）综合防控治病虫。采用生态、物理和化学手段，综合防治病虫害。生态上，可在田埂上种植香根草或显花作物，引诱害虫或保天敌，或放赤眼蜂。物理上，安装杀虫灯。化学上，使用性诱剂诱捕害虫，选用高效低毒化学农药适时防治病虫害。

希植早发促壮秆

2. 效益分析

据统计，2015—2017年，浙江全省累计推广水稻"两壮两高"813万亩。自应用推广该技术模式以来，浙江省粮食高产不断自我突破，尤其是2017年超级稻、连作晚稻百亩示范方和攻关田亩产均打破浙江农业之最纪录，其中江山市石门镇泉塘村超级稻甬优12百亩示范方，面积117亩，平均亩产首次突破1 000千克，达到1 010.99千克，高产攻关田亩产达到1 071.51千克；江山市长台镇华峰村连作晚稻甬优1 540百亩示范方，面积102亩，平均亩产达到793.48千克，最高田块亩产达到818.75千克，首次突破800千克。

3. 适宜区域

应用大穗型水稻品种如甬优系列品种的种植地区，如浙江、江苏、江西、安徽等地。

科学选用大穗型品种

水稻"叠盘出苗"技术模式

📍 来源：浙江省

▷ 主要内容：

由育秧中心完成育秧床土或基质准备、种子浸种消毒、催芽处理、流水线播种、温室或大棚内叠盘、保温保湿出苗等过程，将针状出苗秧连盘提供给用秧户，由用秧户在炼苗大棚或秧田完成后续育秧过程的一种"1个育秧中心+N个育秧点"的育供秧技术模式。该技术模式是由中国水稻研究所与浙江省农技推广中心联合研发的。

1. 技术要点

（1）选用专用基质。尽量采用水稻机插专用育秧基质育秧，也可选择基质母剂，加当地育秧土育秧，确保育秧安全、壮苗。

（2）选用先进播种设施。采用播种均匀、播量控制准确、浇水到位的机插秧播种流水线播种，流水线末端加装叠盘机构，因地制宜配装自动上料等可减少人工的装备。

（3）合理确定每盘播种量。水稻种子经过晒种、清选和药剂浸种、催芽，摊晾后即可播种。先要用空盘试播，调节播种量，再正式播种。早稻每盘（9寸盘，1寸约为0.03米）播种量不超过120克（干重）净种子，单季杂交稻每盘60～70克，单季常规晚粳稻每盘90～100克。

（4）正确叠盘。将流水线播种后的秧盘，叠盘堆放，每20～25盘一叠，在每一叠的最上面一张只装土而没播种的秧盘，起到覆盖保湿作用。有条件的可以购买新模式配套的机插秧专用设备，如叠盘专用秧盘、摆放秧盘的托盘和运送托盘的叉车等设备。

（5）适温高湿出苗。播种后的秧盘尽量放置在能控温控湿的温室内或是房间内（特别是早稻），温度控制在32℃左右，湿度控制在90%以上。单季稻或连作晚稻可以放置在室内，覆盖无纺布等材料，给予保湿。叠盘放置48～72小时，待种芽立针（芽长1厘米左右）后，早稻摆放在塑料大棚内保温育秧，单季稻和连作晚稻可以直接摆放在做好畦的育秧田秧板上育秧，连晚需做好遮阳，有条件的可放入防虫网大棚内育秧，防止苗期虫害和病毒病。

（6）科学管理秧田。做好温度、水分、肥料调控，防止温度过高水分过多造成秧苗徒长。

正确叠盘

（7）适龄移栽。根据前茬及农事安排，适龄移栽，以免因为秧龄延长而导致秧苗素质下降。单季晚稻3.0～3.5叶移栽，秧龄15天左右。做到播种量高的秧龄要短，秧龄长的要降低播种量。

（8）重点做好恶苗病防治。苗期主要做好恶苗病、干尖线虫病、灰飞虱、白背飞虱、稻蓟马、稻瘟病的防治，重点是通过药剂浸种处理做好恶苗病的防治。水稻移栽前3～5天可选用氯虫·噻虫嗪或吡蚜酮等带药下田，控制大田前期灰飞虱、白背飞虱为害，减少水稻病毒病的侵染，选用氯虫·噻虫嗪还可控制大田前期二化螟的危害。对稻瘟病感病品种，移栽前选用三环唑带药下田。

2. 效益分析

与玻璃温室育秧比较，空间置盘量可增加6倍以上，室内出苗管理时间由5天缩短到2.0～2.5天，供秧能力至少提高10倍。与大秧运输相比，出苗秧秧盘运输可以叠盘，运输成本大大降低，运输距离可以加长，供秧范围大幅扩大。同时，可避免重复建设和投入。该模式可大大提高现有育秧中心育供秧能力和服务范围，中小规模的种粮大户或合作社，不用再重复投入建设育秧中心、购买育秧设备，可以从大的育秧中心购买出苗秧秧盘。不仅可以减少投入，还可节约农业设施用地。

3. 适宜区域

应用水稻机插的地区。

适温高湿出苗

单季稻钵苗机插绿色高质高效技术集成模式

◉ 来源：安徽省

▷ 主要内容：

单季稻钵苗机插绿色高质高效技术集成模式采用钵苗机插，配套集成秸秆还田利用、精确定量施肥、干湿交替节水灌溉、病虫草害绿色综合防控等技术。与传统技术模式相比，该技术模式通过流水线精量播种，苗期培育大龄壮秧，钵苗机械化栽秧，栽插过程中不伤苗，栽插后早发稳发，低位分蘖多，成穗率提高，穗数和穗粒数增加，营造的群体质量优抗病性强，草害轻。大田期配套绿色高效生产技术进行科学管理。

1. 技术要点

（1）培肥营养土与秧田制作。4月上旬至5月上旬，准备营养土或者用商品化的育秧基质育秧备用；选择排灌条件好、便于管理和运秧的田块作为秧田。

（2）品种选择。5月中旬，选择生育期适宜，抗逆（病）性强、适应性广、肥水高效利用、穗粒兼顾型的高产、优质的合格种子备用。

（3）培育标准壮秧。根据生育期和机具作业效率，确定播、栽期，分批育秧、机插。前茬为空茬4月初或5月初播种，油菜茬5月上旬播种，麦茬5月中下旬播种；根据品种类型确定播量，杂交稻2～3粒/钵，常规稻3～4粒/钵；采用播种流水线播种、暗化出苗，播种后进行增（保）温暗化出苗，齐苗后摆放秧床进入苗期管理。在一叶一心期，排干秧田水分，每100个秧盘用15%多效唑可湿性粉剂6克均匀喷施化控1次；苗期坚持旱育旱管，如遇秧龄延长，可用烯效唑进行二次化控；用咪酰胺浸种预防恶苗病，露白后用高浓度吡虫啉（含量60%以上）拌种，控制秧苗期病虫，带药带肥下大田。

（4）秸秆还田与精细耕整地。5月下旬至6月中旬，秸秆粉碎还田利用：秸秆机械粉碎，每亩加2千克秸秆腐熟剂均匀撒在粉碎的秸秆上，采用旱耕水整（反旋灭茬后上水整田）或者水耕水整（上水泡田，一次深旋耕埋茬，一次浅旋整田），耙匀，做到田面平整，无秸秆堆积、上烂下实，不陷机，不壅泥，适度沉实2～3天后薄水封田待插。

（5）合理群体与适期机插。5月底至6月上中旬，栽插密度为杂交中籼33厘米×16厘米（行距×株距），每穴2苗；杂交粳稻33厘米×14厘米，每穴2苗；常规粳稻33厘米×12厘米，每穴2～3苗，漏插率5%左右，均匀度85%以上，力求浅插。

（6）科学田管与病虫害绿色防控。6月下旬至10月中旬，适时追肥：栽后5～6天施分蘖肥，全田施尿素10千克/亩，氯化钾5千克/亩；主茎拔节后施壮秆促花肥，全田施45%（15-15-15）复合肥10千克/亩，氯化钾3千克/亩，尿素2千克/亩；主茎幼穗长1～2厘米时施保花肥，全田施尿素5千克/亩、氯化钾5千克/亩；破口前施壮粒肥，全田施尿素4千克/亩、氯化钾5千克/亩。齐穗后根据生长状况喷施磷酸二氢钾0.4千克/亩。每次施肥前将小区水层降至1厘米以下，待秧苗露水干时均匀撒施，施肥后让其自然落干露田时才复水。科学管水：栽插时田面保持无水或薄皮水。活棵后，保持浅水层分蘖，适时露田；当田块亩总茎蘖数达27万左右时开始晒田，晒到田边开小裂、田泥不陷脚、田面开纹裂和现白根时灌水；采取多次轻晒至施壮秆促花肥时复水。此后，保持浅水层至灌浆期，然后湿润管水至收割前15天左右断水。

（7）病虫草害绿色防控。大田期优选高效低毒农药，抓防治适期进行高效防治，区域内开展统防统治，同时配合太阳能杀虫灯、性诱剂等多种途径控制有害生物危害。

2. 效益分析

应用该技术模式亩增产50千克左右，通过减少病虫草害防治成本、节种、节肥、节药、省工等实现增效150元左右，同时，该模式提高资源利用率，降低水稻生产对环境的压力，凸显可观的生态效益和社会效益。

3. 适用范围

该技术模式广泛适应于长江中下游单季稻区。

中稻工厂化育秧机插秧技术模式

📍 来源：福建省

> **主要内容：**

中熟品种+工厂化育秧+机插秧+配方施肥+间歇灌溉+病虫害统防统治+机械收获。

1. 技术要点

（1）品种选择。根据不同茬口、品种特性及安全齐穗期，选择当地适合当地种植的优良品种。

（2）工厂化育秧。用种子处理、集中催芽、播种机（线）精量播种，苗期以旱育为主、使用多效唑控苗、适时炼苗，培育出适合不同茬口机插的毯状秧。每亩大田准备杂交稻种子1.25～1.5千克，常规稻每亩用种2～2.5千克，每亩大田需准备秧盘20～25张，上年秋冬季准备好育秧盘营养土。根据当地前作茬口确定播期，分批次播种。

（3）机械整地。用30千瓦的履带式拖拉机及配套机具耕整稻田，耕深15厘米左右，田面平整。根据土壤质地适当沉实。

（4）高质量机插。根据茬口和品种特性选用30厘米为主的插秧机，相应调整株距，确保栽插密度；漏插率小于5.0%、伤秧率小于4.0%、均匀度合格率大于85.0%，力求浅插。

（5）配方施肥。每亩施纯氮12～13千克，氮磷（P_2O_5）钾（K_2O）比例1：0.4：0.7，肥料运筹上，基、蘗、穗氮肥比例5：2：3。穗肥以保花肥为主，增施钾肥，抽穗后看苗补施粒肥。

（6）间歇灌溉。花皮水栽插、薄水护苗，5～7天轻露田，浅水湿润间歇灌溉促早发；中期超前（够苗80%左右）分次轻搁田；抽穗期保持浅水层，后期湿润灌溉为主，收获前1周断水。

（7）统防统治。重点把握秧田期和抽穗前后两个关键时期，根据病虫发生情报重点防治稻纵卷叶螟、稻飞虱和稻瘟病、纹枯病、矮缩病。组织专业化防治队伍，用背负式机动喷雾机、高效宽幅远射程喷雾机等现代植保机械提高效率。

（8）机械收获。在谷粒全部变硬、穗轴上干下黄、谷粒成熟度达到90%～95%时，用联合收割机收割。

2. 效益分析

通过推广该技术模式，预期目标产量为中稻平均亩产达到600千克。

3. 适宜区域

南方省份。

上杭县湖洋镇民益种植养殖家庭农场水稻工厂化机插育秧示范点播种流水线

上杭县庐丰乡春生农业专业合作社中稻集中育秧现场实景

优质稻绿色生产技术

📍 来源：江西省

▷ 主要内容：

以生产绿色优质稻谷为目标，通过选择适宜种植基地和优质稻品种保障产地安全和品质优良；通过健身栽培、化肥有机替代、优化高效施肥和绿色植保，减少化肥、农药用量，保障稻谷安全、质优；通过安全收获储运和综合利用副产品预防稻谷污染和保障环境安全，实现绿色优质高效。

1. 技术要点

（1）基地选择。基地要远离污染源，生态条件良好，生物多样性保持较好，产地土壤、水、大气环境符合NY/T 391—2000标准要求。同时，应尽量选择有独立生态小流域、隔离条件较好的区域，稻田地势应相对平坦，排灌方便、不易受水旱灾害，土传病害和恶性杂草较少，而且相对集中连片。

（2）品种选择。应选用通过审定或引种备案，且米质优、丰产稳产性好、生育期适宜、抗病虫能力强的品种，并做到定期更（轮）换品种。

（3）种植模式。提倡采用生态种植模式，如稻鸭（渔、蛙）共育、畜—沼—稻等生态种养结合模式，大力推广肥（油菜、紫云英、马铃薯）—稻—稻、肥（油菜、紫云英、马铃薯）—稻等用地养地相结合的种植制度，增加有机肥来源，提高耕地质量。

（4）培育壮秧。通过培育壮秧提高水稻秧苗素质。培育壮秧要强调以下几点。①浸种消毒。播种前晒种1～2天，清水选种后，选用咪鲜胺、乙蒜素或1%石灰水浸种进行种子消毒。②要求稀播。一般湿润育秧按秧本比1：10备足秧田，机插育秧按照秧本比1：80备足秧田。③施足基肥并及时追肥。一般每亩秧田施足腐熟的农家肥1 000千克或绿肥1 000～1 500千克作基肥，并施三元复合肥（15-15-15）30千克；在2叶1心时追施尿素和氯化钾各3～5千克作断奶肥，移栽前3～5天追施尿素和氯化钾各3～5千克作送嫁肥。④加强秧田病虫草等有害生物的防治。应坚持预防为主，综合应用农业防治、生物防治、理化诱控等绿色防控技术的原则，按照国家禁限用农药管理规定和绿色食品农药使用准则（NY/T 393—2013）要求安全科学使用化学农药。

（5）合理密植。根据不同育秧方式要求适龄移（抛）栽，适当增加密度，一般早稻每亩插足2.2万～2.5万蔸，杂交稻每蔸2粒谷苗，常规稻4～5粒谷苗；一季稻插足1.2万～1.6万蔸，杂交稻每蔸1粒谷苗，常规稻每蔸2～3粒谷苗；晚稻插足1.8万～2.2万蔸，杂交稻每蔸1～2粒谷苗，常规稻每蔸3～4粒谷苗。

（6）优化施肥。坚持有机肥为主、化肥为辅和减氮控磷稳钾补微的施肥原则，有机氮占总施氮量的50%以上，有机肥可用绿肥、稻草还田、沼肥、饼肥、畜禽粪便及商品有机肥等；依据测土配方施肥建议卡，做到精准施肥，有机肥和磷肥一般全部作基肥，化学氮肥和钾肥的基肥、分蘖肥、穗粒肥的比例，早稻6：2：2，中晚稻5：2：3并注意根外补施微肥。

肥料应符合NY/T 394—2000的规定，禁用未经国家或省级农业部门登记的化学肥料及生物肥料和重金属超标的有机肥料及矿质肥料。

（7）科学灌溉。

①控水灌溉。一般每次灌水深度2厘米左右，并尽量增加稻田露田时间，除晒田期外其他时期田不开裂即可。

②提早多次轻晒。当田间苗数达到计划穗数的80%左右时开始晒田，晒至田边微裂、田中不陷脚时灌薄水湿润，保持裂不增宽、土不回软，多次轻晒，到倒2叶露尖期复水养胎。

③深水调温。水稻灌浆期遇不利天气（如早稻遇高温或晚稻遇低温）可灌10厘米以上深水调温。

④切忌断水过早。一般早稻收获前5天、中晚稻收获前7天断水。

机械栽插

（8）病虫害绿色防控。优先采用农业防控、生物防治、理化诱控等病虫害绿色防控技术措施。化学农药使用应严格执行NY/T 393规定。

（9）收获。成熟期要抢晴收获，并单收、单晒、单储，收获时使用联合收割机收获，晒谷宜选用竹晒垫，禁止在沥青或水泥地面上或黄泥沙地面上晒谷，以防污染。无安全、无污染晒谷条件的，应选用烘干机烘干。收获后的副产品如秸秆、垄糠、米糠等可综合开发利用，提倡稻草还田，严禁焚烧、胡乱堆放、丢弃导致环境污染。

2. 效益分析

早稻订单收购价较最低保护价高0.2元/千克，亩增综合效益可达100元，中晚稻订单收购价较最低保护价高0.3~0.5元/千克，亩增综合效益可达150~250元。

3. 适宜区域

全省产地环境符合NY/T 391—2000要求，适宜有规模加工企业带动的地区大面积推广。

优质稻示范田

夏玉米精量直播晚收高产栽培技术

📍 来源：山东省

▷ **主要内容：**

一增四改+精量播种+种肥同播+抢茬直播+病虫草害综合防治+适时机械收获。

1. 技术要点

（1）选择适宜品种。选用通过本省审定的稳产、耐密、抗倒、适应性强、熟期适宜、高产潜力大的夏玉米品种。

（2）精选种子及处理。选择纯度高、发芽率高、活力强、大小均匀、适宜单粒精量播种的优质种子，要求种子纯度应不小于98%，种子发芽率应不小于95%，净度应不小于98%，含水量应不大于13%。所选种子进行种衣剂包衣。

（3）小麦秸秆处理。小麦秸秆采用带切碎和抛撒功能的联合收割机收获，小麦秸秆留茬高度应不大于20厘米，切碎长度应不大于10厘米，切断长度合格率应不小于95%，抛撒均匀率应不小于80%，漏切率应不大于1.5%。

（4）玉米播种机械选择。选用多功能、高精度、种肥同播的单粒玉米精播机械，一次可以完成开沟、施肥、播种、覆土、镇压等工序。

（5）抢茬直播。小麦秸秆还田后，立即播种玉米，实现小麦机收秸秆切碎还田、玉米机械精播、化肥深施"一条龙"

作业，有条件的可采用破茬深松免耕播种机。粗缩病连年发生的地区夏玉米播期可推迟到6月10日以后，重病地块在15日后播种。等行距播种，行距60厘米，播深3～5厘米，耐密型玉米每亩播种5 000粒左右，高产田每亩5 500粒左右，大穗型品种一般大田每亩播种4 600粒左右，高产田5 300粒左右。施用玉米专用肥或缓控释肥等，种肥一次性同播。种肥侧深施，与种子分开，防止烧种和烧苗。要求匀速播种，播种机行走速度应控制在5千米/小时左右，避免漏播、重播或镇压轮打滑。播种时田间相对含水量应为70%～75%，若墒情不足，可先播种后尽早浇"蒙头水"。

（6）化学除草。玉米出苗前墒情好时，可用40%乙·莠悬浮剂适量对水均匀喷施地面，不要漏喷和重喷。未进行土壤封闭除草或封闭除草失败的田块，可在玉米3～5叶期，杂草2～5叶期用48%丁草胺·莠去津或4%烟嘧磺隆等对水进行苗后除草。

玉米高产示范田

（7）病虫害综合防治。幼苗4~5叶期，可选用三唑酮等药剂，注意预防和防治褐斑病等。注意防治蓟马、黏虫等。根据灰飞虱、甜菜夜蛾、棉铃虫的发生情况，选用氯虫苯甲酰胺等杀虫剂喷雾防治。中后期采用玉米"一防双减"技术，即在玉米大喇叭口期普遍用药1次，防治玉米中后期病虫害，减少后期穗虫基数，减轻病虫害流行程度。杀虫剂可选择用40%氯虫·噻虫嗪水分散粒剂每亩8克或200克/升氯虫苯甲酰胺悬浮剂5克，杀菌剂可选用18.7%丙环·嘧菌酯悬浮剂每亩70毫升或25%丙环唑乳油30毫升，杀虫剂和杀菌剂混合进行喷雾，有效防控玉米穗虫（玉米螟等）、三代黏虫、大小斑病等。

玉米机械收获

（8）合理适期追肥。小喇叭口至大喇叭口期之间，是夏玉米施肥的关键时期，应重视追施攻穗肥，促进形成大穗。穗肥以氮肥为主，每亩追施氮肥10~15千克，也可追施磷钾肥。在距植株10厘米左右处开沟深施，深度10厘米左右。开花期增施氮肥，以提高叶片光合效率、延长叶片功能期。花粒肥以尿素为主，高产攻关田酌情增加用量。施用时可结合浇水或趁降水前追施，以提高肥效。也可喷施磷酸二氢钾和尿素，用作叶面肥，延长叶片功能期，增加光合产物转化。

（9）防旱防涝。大喇叭口到抽雄期是玉米的需水临界期，对水分尤其敏感，如遇旱应及时灌溉，尤其要防止"卡脖旱"，造成雌雄穗发育不同步。土壤水分过多也会造成发育受阻，空秆率增加和倒伏，如遇强降水应及时排水。

（10）机械适期收获。待夏玉米籽粒乳线消失时用联合收割机收获，在不耽误下茬小麦播种的情况下适当晚收建议在10月1—5日收获，充分发挥品种高产潜力，降低机收损失率，确保丰产丰收。机械收获时应大面积连片推进、整村整镇推进、农机农艺联合推进，提高联合收割机工作效率。玉米收获后应及时进行晾晒或烘干，防止霉变。

2. 效益分析

以平均亩产650千克、价格1.8元/千克计算，每亩目标产量收益1 170元；亩均投入成本930元；亩均纯效益240元。

3. 适宜区域

山东省适宜机械操作、有水浇条件的玉米主产区。

小麦-玉米滴灌水肥一体化技术模式

📍 来源：青岛市

▷ **主要内容：**

1. 技术要点

小麦-玉米滴灌水肥一体化装备系统主要包括水源、首部（水泵及过滤器、施肥装置）、配水（主管道）、地面滴灌（支管、毛管）四项工程。为便于农户使用，可选用移动式首部系统，包括离心除沙装置加碟片过滤器二级组合过滤系统、泵施肥系统、及配套装置。移动式首部系统水处理能力为20~25立方米/小时。

（1）滴灌带规格。毛管选用B2J3内镶式贴片式滴灌带，具有不堵塞滴孔的优点，滴灌效果好。壁厚0.2毫米，NFD16×300-2.0-100，ϕ16毫米。支管选用PE编织布复合水带，ϕ63毫米，爆破压力大于0.4兆帕，涂层黑色（防紫外线照射）。

（2）滴灌带铺设规格。

①毛管。

a. 小麦。2行小麦铺设1条滴灌带。24行小麦幅宽6米，铺设12条滴灌带（12条×250米/条=3 000米）。面积约1 500平方米，需毛管3 000米，每亩铺设毛管1 350米。b. 玉米。在2小行玉米间铺设1条滴灌带，10行玉米幅宽6米，铺设5条滴

灌带（5条×250米=1 250米）。面积约1 500平方米，需毛管
1 250米，每亩铺设毛管560米。

②支管。支管选用PE复合水带，管径63毫米，爆破压力
大于0.4兆帕，涂层黑色（防紫外线照射）。行长60米铺设1条
PE管带，每亩约需25米。

③配套管件。φ16毫米软带旁通9个，φ16毫米直通1.6
个，φ63毫米钢丝管卡2个，φ63毫米PVC球阀0.25个，φ63
毫米PVC三通0.17个，φ63毫米PVC弯头0.4个，堵头0.25个，
PVC管0.3米及其他配套管件。

（3）滴灌带铺设时间。小麦，支管和毛管在春季3月初
小麦返青期铺设、打孔安装；5月底小麦收获前收起滴灌带。
玉米，播种时，在播种机上加装滴灌带铺设装置，一次性机械
铺设毛管，人工铺设支管、打孔安装；9月底玉米收获前收起
滴灌带。

（4）水肥管理。小麦春季在拔节期、抽穗开花期滴水肥
2次。玉米大喇叭口期、灌浆期滴水肥2次。

2. 效益分析

通过滴灌模式，有效解决了小麦、玉米的生育中后期追
肥难题，促进了后期籽粒灌浆，提高了粮食产量，不同年份、
不同地块产量表现。单以小麦为例种植效益综合计算，滴灌技
术与传统灌溉比较，平均每亩可增加产量50千克左右、节肥物
化成本50元左右、节省人工2个（200元），共节本增效350元
左右。与装备投入成本（2 500元/套）比较，将第一年固定装
备按5年折旧算，每茬设备折旧费2.5元/亩，新增毛管成本77.5
元/亩，平均每茬设备成本80元/亩左右。两者相抵，仅仅小麦
一季滴灌技术可节本增效250元左右，经济、社会和生态效益

明显。

3.适宜区域

山东中东部地区地势平坦的粮田可采用该技术。

滴灌水肥一体化装备系统（局部）

强筋小麦全环节绿色高质高效技术模式

📍 来源：河南省

> **主要内容：**

该技术模式以强筋小麦品种为基础，集成配套"区域化布局+规模化种植+土壤培肥+深耕或深松+高质量播种+水肥后移+后期控水+叶面喷氮+病虫害综合防治+风险防控+适期收获+单收单贮"等各环节关键技术措施，为河南省优质小麦发展提供技术支撑。

1. 技术要点

（1）规模化种植。推广单品种集中连片种植。

（2）规范化耕种。品种选用，选用适宜在河南省强筋小麦生态区种植稳产高产优良品种。种子和土壤处理，选用包衣种子或药剂拌种，地下害虫严重发生地块，进行土壤处理。深耕机耙配套，耕深应达到25厘米，耕后耙实耙透，达到地表平整，上虚下实，表层不板结，下层不翘空。高效精准施肥，推广测土配方施肥，增施有机肥，补施硫肥。一般亩产500千克左右的田块，每亩总施肥量氮肥（纯氮）为13~15千克、磷肥（P_2O_5）6~8千克、钾肥（K_2O）3~5千克。磷肥、钾肥和硫肥一次性底施，氮肥分基肥与追肥两次施用，基肥与追肥比例为5：5或6：4。适期播种，一般豫北麦区适播期：半冬性品种10月5—15日，弱春性品种10月13—20日；豫中、豫东麦区适播期：半冬性品种为10月10—20日，弱春性品种为10月15—25日。适量播种，在适宜播期范围内，一般每亩播量8～10千克。高效播种，推广宽幅匀播机、宽窄行播种机、立体匀播机等高效复式作业机具，播深3～5厘米，随播镇压或播后镇压。

（3）规范化田间管理。冬前化学除草，在小麦3～5叶期、杂草2～4叶期、气温在10℃以上的晴朗无风天气进行化学除草。科学冬灌，对秸秆还田、土壤悬空不实和缺墒的麦田必须进行冬灌，以踏实土壤，保苗安全越冬。水肥后移，在小麦拔节期，结合灌水追施氮肥，每亩灌溉量以40～50立方米为宜。追氮量为总施氮量的40%～50%。但对于早春土壤偏旱且苗情长势偏弱的麦田，灌水施肥可提前至起身期。综合防治病虫害，在返青至抽穗期，重点防治小麦纹枯病、锈病、白粉病及吸浆虫、蚜虫和红蜘蛛。在小麦抽穗至扬花期应对赤霉病进行重点防治，同时灌浆期注意防治白粉病、锈病、叶枯病、黑胚病及蚜虫等。大力推进病虫害专业化统防统治。抗灾减灾，一是预防倒伏：对长势偏旺的麦田，可在起身初期喷洒化控剂。二是预防冻害。及时浇好拔节水，促穗大粒多，增强抗寒能力，特别是要密切关注天气变化，在降温之前及时灌水，防御冻害。叶面喷施氮肥，在灌浆前、中期，进行叶面喷肥，促进籽粒氮素积累。叶面喷肥可与病虫害

秸秆还田与深翻整地

防治结合进行。后期控水，一般不提倡浇灌浆水，严禁浇麦黄水。当植株呈现旱象时应进行灌水。

（4）规范化收获与贮藏。完熟初期及时进行机械化收获，防止机械混杂。收获后单品种晾晒，单品种专仓贮藏。

2. 效益分析

2017年在河南省19个强筋小麦示范县进行示范推广，初步实现了项目区农户平均增效5%以上的目标任务。一是初步实现了节本增效。如示范推广的规范化耕种技术，不仅平均亩减少播量1.5~2.5千克，而且有利于培育冬前壮苗，提高综合抗逆能力，减少了田间管理；二是初步实现了绿色增效。示范推广的测土配方、机械深松、氮肥后移、病虫害统防统治等技术，提高了资源利用率，减少了水肥药用量。三是初步实现了优质增效。项目区运用规范化生产技术收获的优质专用小麦受到用粮企业的欢迎，收购价格较高。

3. 适宜区域

该技术模式适合在豫北强筋小麦适宜生态区和豫中东强筋小麦次适宜生态区推广应用，土壤质地偏沙、瘠薄地及无灌溉的田块不宜推广。

单品种连片种植

稻虾共作种养模式

📍 来源：湖北省

▷ **主要内容：**

稻虾共作是一种绿色高效的稻田综合种养模式，即在种植一季中稻的水田中养殖克氏原螯虾，虾与水稻在稻田中同生共长，全程不施用化学农药，不施或少施化肥，产出的稻米和小龙虾无污染、品质高。

1. 技术要点

茬口安排。

作物	播种期	移栽期	采收期
水稻	5月下旬至6月上中旬	6月中、下旬	10月中、下旬
小龙虾	9—10月	—	4月中旬至6月上旬；8月上旬至9月底

2. 注意事项

开展水稻病虫害绿色防控，尽量不施用化学农药，严禁使用有机磷和菊酯类农药。打药后田水自然落干，严禁将田水放入虾沟内。多施有机肥，少施化肥，禁止使用碳酸氢铵。施肥后要关住田水。

3. 模式图解

集中育秧　　　　　　机械插秧

稻田改造　　　　　种植水草　　　　　投放幼虾

4. 效益分析

虾稻共作平均亩产小龙虾200千克、稻谷600千克，亩均收入5 000元左右，比单一种植中稻亩平增收3 000元左右。

5. 适宜区域

适合于湖北省全年水源充足，中壤和黏壤的平原、丘陵地区。

双季稻"早加晚优"模式

📍 来源：湖南省

▷ **主要内容：**

选择适合各生态区的加工型早稻品种和高档优质晚稻品种，并将绿色、高质、高效、轻简、机械化生产技术融合应用到"早加晚优"模式创建中，推进双季稻"一片一种"标准化种植、规模化生产和产业化经营，实现双季稻绿色高质高效生产的目标。

1. 技术要点

（1）选择适宜品种，搞好品种搭配。加工型早稻宜选择中早39、中嘉早17等直链淀粉含量高的品种。高档优质晚稻宜选择泰优390、桃优香占等米质达到国标二等以上优质稻杂交品种，以及玉针香、玉晶91等米质达到国标一等的优质稻常规品种。早、晚稻品种搭配，湘北宜中配中，如中早39配湘晚籼17号、玉针香或桃优香占、盛泰优018；湘中宜中配中、中配迟或迟配中，品种选择范围较广，可根据当地种植习惯和优势确定；湘南中配迟、迟配中和迟配迟，品种选择范围广，以双季高质高效为目标，早稻宜选择陆两优996等，晚稻宜选择和农香24、湘晚籼13号、泰优390、隆晶优1号和隆晶优2号等产量高，生育期偏迟的品种。

（2）推广绿色高质高效新技术。①水稻集约化、标准化生产技术。与全省做优做强湘米产业工程相衔接，依托种粮大户、合作社、龙头企业、社会化服务组织等新型经营主体，在湘北平湖区和湘中、湘南丘陵区盆地推广水稻集约化、标准化生产技术。标准化基地实行统一品种、统一生产模式、统一技术规范、统一指导服务，按照《双季稻AA级绿色稻米生产操作规程》的技术要求抓好落实，创建高档优质稻标准化生产基地。②双季稻全程机械化生产技术。按照湖南省水稻研究所牵头制定的《早稻全程机械化生产技术规程》《晚稻全程机械化生产技术规程》，各创建县市区要着力推广双季稻全程机械化生产技术。着力抓好早、晚稻品种和农机设备与设施配套，秧田和大田耕整，机械育秧与插秧，机械化植保，机械收割，机械干燥等各环节技术落实与服务到位，确保全程机械化技术示范成功和双季高质高效，建设高标准的水稻现代化生产基地。③农药减量控害和绿色防控技术。积极推广种子包衣控病、健苗控药、性诱剂、蜂蛙灯控螟、天敌控虱、鱼虾鸭控草等绿色防控栽培技术，推广植保无人机、喷杆式喷雾机、喷枪式喷雾机、生物农药、低容量喷雾、统防统治等新型施药器械与技术，大力发展专业化防治和植保社会化服务，最大限度地减少农药用量和施药次数，实现绿色防控全覆盖和农药使用量零增长。④配方施肥技术。在大力发展绿肥生产，推广稻草还田，施用有机肥的基础上，根据历年配方施肥效果，不断完善测土配方施肥技术指标体系，按照设定目标调减施肥总量，做到氮肥总量控制、分期调控，其他肥料因缺补缺。早稻每亩本田施纯氮10～11千克，磷肥（P_2O_5）4.5～5.0千克，钾肥（K_2O）7～8千克。晚稻合理施用有机肥，结合旋耕抓好稻草还田。亩施纯氮优质常规稻不超过10千克，优质杂交稻不超过11千克，按基肥、蘖肥和穗肥4：3：3比例施用。通过总量调控和科学运筹，实现化肥用量零增长。⑤间歇灌溉技术。插后及时灌浅水（2～3厘米水层）护苗活蔸，促进返青成活、扎根立苗；分蘖期间歇灌溉，水层以2～3厘米为宜，并适时露田，做到以水调肥、以水调气、以气促根，促进分蘖早生快发。够苗（每亩总苗数常规稻22万～25万，杂交稻20万～22万）后及时开沟晒田。晒田程度以人站在田面有明显脚印、但不下陷、表土不开裂为度。拔节孕穗期应保持10～15天2～3厘米的浅水层。开花结实期干湿交替，抽穗至灌浆期保持浅水层。抽穗25天以后间歇灌溉，收割前5～7天断水，不可断水过早，确保青秆黄熟和稻米充分成熟。⑥机械干燥技术。稻谷机械烘干，应采用使稻谷缓慢升温，逐步降温、冷却的工艺路线。选用低温循环式或横流式、混流式谷物烘干机烘干稻谷，根据不同机型和技术参数，按烘干机使用说明和程序操作。

2. 效益分析

可实现亩均加工稻500千克、高档优质稻产量250千克、收入1 000元以上。

3. 适用范围

本模式适应长江中下游双季稻生产区。

"稻油水旱轮作"模式

◯ 来源：湖南省

▷ 主要内容：

结合各地实际和水旱作物生长规律，搞好水旱轮作的茬口衔接，将适合各生态区的优质水稻、油菜品种及绿色、高质、高效、轻简、机械化生产技术融合应用到"稻油水旱轮作"模式创建中，推进水稻和油菜"一片一种"标准化种植、规模化生产和产业化经营，实现两季作物绿色高质高效生产目标。

1. 技术要点

（1）推广优良品种。水稻重点推广兆优5455、兆优5431等米质达到国标二等以上优质稻杂交品种，以及玉针香、玉晶91等米质达到国标一等的优质稻常规品种。油菜重点推广沣油682、丰油730等"双低"优质油菜品种。创建区高质优良新品种覆盖率应达到100%，实行一片一种，避免不同品种插花种植。

（2）推广绿色高质高效新技术。①水稻集中育供秧。重点推广"1+N"育供秧新模式和密室叠盘快速催芽齐苗新技术，依托已建成的现代化育供秧（苗）服务中心，改大田出苗为工厂化密室出苗、改平面摆盘为立体叠盘、改催芽后播种为播种后催芽，提升浸种育秧装备及技术水平，提高发芽率、出苗率和秧苗素质，解决粮油生产全程机械化中规模化育秧、机械化插秧瓶颈问题。②农药减量控害和绿色防控技术。着力实施农药"五推五代"行动，以高效低毒低残留低剂量农药替代高毒低效高剂量农药、以专业化统防统治替代一家一户分散防治、以绿色防控生物农药替代化学防治药剂、以高效现代施药机械替代低效落后施药器械、以精准优施药技术替代传统落后的施药技术，积极推广种子包衣控病、健苗控药、性诱剂、蜂蛙灯控螟、天敌控蚜、鱼虾鸭控草等绿色防控栽培技术，创建区水稻、旱作的病虫害专业化统防统治、绿色防控实现全覆盖，农药使用量实现零增长。③经济施肥和环保施肥技术。深入推进测土配方施肥，推广使用有机肥、有机-无机复混肥、高效叶面肥等绿色肥料，进一步优化施肥结构、改进施肥方式、提高肥料利用率和耕地地力，杜绝滥施肥、过度施肥，减少化肥面源污染。④全程机械化生产技术。改传统耕作为全程机械化耕作，落实农艺农机融合措施。水稻生产以机插、机防、机烘为重点，推广机耕、机育、机插、机防、机收、机烘全程机械化生产技术。油菜生产以机耕、机播、机防、机收为重点，鼓励社会化服务组织提供全程机械化服务，提高油菜机械化生产水平。

2. 效益分析

可实现亩均高档优质稻产量500千克、油菜籽140千克、收入1 000元以上。

3. 适用范围

本模式适宜于长江中下游水稻生产区。

香稻增香栽培技术

⊙ 来源：广东省

▷ **主要内容：**

技术成果提出了香稻增香栽培理论，并将其核心技术物化、形成稻农容易掌握的、操作简便的、省工、省力、增香、高产、高效的"香稻增香栽培技术"。

1. 技术要点

（1）选用适应当地的香稻品种组合。应用适宜于当地种植的集优质、高产、多抗于一体浓香型丝苗香稻品种组合，如象牙香占、美香占2号、桂香占、培杂软香等。

（2）多苗稀植。一般插（抛）栽穴数为1.5万～1.7万穴/亩，常规香稻品种5～6苗/穴、杂交香稻组合3～4苗/穴。

（3）基肥深施结合返青分蘖期追施"香稻专用肥"。整田时作全层基肥施用"香稻专用肥"40～50千克/亩；插（抛）秧后6～7天，追施分蘖肥"香稻专用肥"30千克/亩。

（4）稻穗破口期喷施"香稻增香剂"。在稻穗破口期结合病虫防治，用"香稻增香剂"200毫升/亩，对水15～20千克喷施。

（5）少水灌溉。插（抛）秧后浅水返青；分蘖期、长穗期和灌浆结实期，采用轻度落干[土壤水势为（−25±5）千帕]的灌溉方式。

（6）适时早收。比传统优质稻栽培提早2～3天收割：早季常规香稻88%，杂交香稻83%实粒黄熟时；晚季常规香稻93%，杂交香稻88%实粒黄熟时。

2. 效益分析

该技术增加香稻品种稻米香气特征物质2-乙酰-1-吡咯啉（2-AP）含量15%以上、使广东丝苗香米香气2-AP含量与泰国香米相当；增加产量12%以上，亩增加收入250元以上。2014—2016年，广东省累计推广应用"香稻增香栽培技术"91.8万亩，平均亩产香稻谷464.2千克，比常规栽培技术平均每亩增产54.2千克，共计增产香稻谷5 104.6万千克，按香稻谷价4.0元/千克，共增收入2.0亿元；同时，该技术生产的香稻谷平均收购价增加0.5元/千克、平均每亩增香提质增值232.1元，共增收入2.1亿元；累计增加收入4.1亿元。

3. 适宜区域

该技术成果适用于双季稻作区和单季稻区的香稻生产区。

香稻增香栽培技术示范

稻田养鸭种植模式技术

📍 来源：广西壮族自治区南丹县

> **主要内容：**

1. 技术要点

一是选择适宜品种。水稻品种选择野香优688优质水稻品种；鸭种选择麻鸭、融水香鸭为主。二是采用工厂化集中育秧，从而实现统一供苗、统一插秧、统一田管。三是增施有机肥，肥料以猪、牛栏粪、商品有机肥为主，控制化肥施用量；四是合理稀植，亩插植1.2万穴，每穴插2谷粒秧，鸭能在稻田中能自由穿行。五是病虫害绿色防控，安装太阳能杀虫灯（30亩/盏），选用低毒、低残留农药进行统防统治。稻田鸭10只左右/亩防治。六是间歇灌溉，水稻进入拔节期排水晒田5～7天，控制无效分蘖同时增强植株茎秆的机械强度，提高抗倒伏性能。在灌浆中后期采用干干湿湿、间歇灌溉，养根保叶，提升品质。七是鸭子饲养管理，稻田投放15日雏鸭，一般田每亩放15只、上等肥力田放25只左右，用尼龙网或遮阳网围栏（离地高度为0.7～0.8米），防鸭子外逃和遭受天敌伤害。稻田放养后的鸭子需补充精料。白天让鸭子在稻田觅食晚上回到棚舍时应补充精饲料让鸭子自由采食，可采用定时饲喂方式，控制饲料的摄入量，辅料以碎米、米糠、小麦为主，或者用玉米加鱼粉的混合饲料，也可用成鸭的配合饲料。雏鸭在早、晚各补料1次，补料原则为"早喂半饱晚喂足"。喂量以稻田内的杂草、水生小动物的量而定。当水稻稻穗灌浆后，及时撤出稻田鸭，防止啄食稻穗。

2. 效益分析

南丹县2018年在水稻绿色高质高效创建项目建设中推广应用了5.5万亩，水稻亩产值2 561.9元，稻田养鸭亩产值1 013元；亩总产值3 574.9元。亩投资成本945元，亩纯收入2 629.9元，亩节约成本160元，亩增加收益1 400元。

3. 适宜区域

广西全区各地。

南丹县巴平梯田稻田养鸭场景

中稻全程机械化+配方施肥+统防统治技术模式

📍 来源：重庆市

▷ 主要内容：

选用优质稻品种—培育适龄壮秧—机插—配方施肥—病虫害绿色防控+统防统治—机械化收割秸秆还田。

1. 技术要点

选用优质、高产、高抗、中熟杂交水稻品种宜香优2115、渝香203等；日平均温度稳定通过12℃时开始播种。机插秧采用毯苗稀泥育秧等育秧技术培育壮秧。叶龄基本在3叶1心，开始机插作业；毯苗机插，栽插规格30厘米×20厘米，亩1.1万窝左右；测土配方施肥，总施肥水平为纯氮10～12千克，纯磷4～5千克，纯钾5～6千克，N∶P∶K=1∶0.4∶0.5；以杀虫灯、黄板等物理防治措施为主的绿色防控措施与机防/飞防为主的病虫害统防统治相结合；采用机械收获，结合机收，将秸秆粉碎还田。

2. 效益分析

以渝生农作物种植专业合作社示范点为例，成本合计1 200元/亩。其中土地租金450元/亩；种子100元/亩；肥料120元/亩；农药除草剂60元/亩；机耕犁田110元/亩；集中育秧机插100元/亩；机防10元/亩；收割70元/亩；烘干80元/亩；其他田间管理100元/亩。经专家测产水稻高质高效示范区平均亩产达到632.84千克，按照水稻收购价2.5元/千克计算，亩产值1 582.1元。亩净收益382.1元。

3. 适宜区域

稻田集中连片区域。

水稻病虫害统防统治

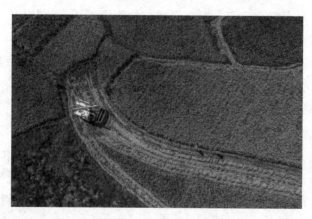

中稻机收

"晚疫病监测预警+统防统治+药剂减量" 节药控害增效技术

📍 来源：重庆市

▷ 主要内容：

优质脱毒良种+起垄栽培+配方肥+晚疫病监测预警+统防统治+药剂减量。

1. 技术要点

选择脱毒良种+起垄栽培5号""米拉"等为大面积推广的优良品种，示范推广"希森3号""青薯9号"等优良新品种，亩用农家肥用量提高到1 250千克/亩，长效肥或马铃薯专用配方肥25千克作底肥，在即将出苗时，结合中耕培土，亩用清粪水20担（1担等于50千克）对专用肥15～20千克或尿素5～7.5千克淋施。利用全县35个监测预警气象站，分别发布感病品种、耐病品种防控适期，细化防控决策；依托巫溪县灾害预警平台，发布预警信息到4万个农户。组织晚疫病统防统治4万亩用代森锰锌100克+氟吗啉50克，加入激健助剂可节药30%，同时开展海岛素绿色防控示范。

2. 效益分析

以亩产2 000千克，价格1元/千克计算，每亩收益2 000元，亩成本1 500元，亩收益500元左右。

3. 适宜区域

西南二季作马铃薯区。

水稻全程机械化生产技术模式

📍 来源：四川省

▷ 主要内容：

优选品种+机械秸秆还田+机械耕地+机插秧（机直播）+机械化统防统治+机收+机械化烘干。

1. 技术要点

一是品种选用。选择适合机械作业的品种，根据前作和生态区选择生育期偏短、株高适中、穗型中等、分蘖力较强的高产优质品种。二是秸秆还田。前作收获时采用具备秸秆粉碎的收割机，或收获后用专用秸秆粉碎机，粉碎成10厘米左右小段，用旋耕机将秸秆均匀旋耕还田。三是机插秧。

（1）育秧：选用塑料硬盘或软盘，规模化种植可采用水稻自动化播种流水线均匀播种，采用旱育秧或淤泥育秧方式培育合格秧苗，秧龄25～30天，最迟不超过40天，苗高不超过20厘米。

（2）机械整地：通过旋耕机、水田驱动耙等进行耕整，达到田面平整，无杂草杂物，无浮渣等。沉实1～2天，保持薄水机插。

（3）机械插秧：平坝地区或大面积田块选用乘坐式插秧机，丘区或小面积田块选用步行式插秧机，插秧行窝距（30×17.5）厘米～（30×20）厘米，每窝栽2～3苗，基本苗为每亩3万～4万株。严防漂秧、伤秧、重插、漏插，把漏插率控制在5%以内，连续缺穴3穴以上时，应进行人工补插。

（4）机直播。①种子处理：种子经选种（去除空壳和秕粒）后，消毒、浸种、催芽露白后，摊晾半天，待种子表面无水后即可机直播。②直播方式：土壤偏沙性且水源紧张时可采用旱直播，土壤黏性强且水源好时可选择水直播。③机械选择：据田块面积大小选择精量旱穴（条）直播或水穴（条）直播机，可选择播种、施肥或施药（除草剂）、旋耕（旱直播）一体化的直播机。④机械整地：水直播采用旋耕机、水田驱动耙等进行耕整，达到田面平整，田面"整洁"，沉实1～2天，保持无水层直播；旱直播在前茬收获后用旋耕机浅旋1次，田面平整无残茬后即可直播，也可在清理残茬后直接直播。⑤播种量：杂交稻播种量为每亩1.5千克左右，播种均匀，避免重播、漏播。播种深度1～2厘米，施肥深度3～4厘米。⑥播后水分管理：土壤保持湿润状态，不能长时间淹水也不能干旱。⑦除草：杂草多的稻田播前除草一次，播后喷施一次除草剂，在水稻4～5叶时，再除草1次。

（5）肥水管理。亩施纯氮10～12千克，N、P、K配比2∶1∶2，氮肥底、蘗、穗肥比例6∶2∶2，水分管理按照"湿润插秧（出苗），浅水分蘗，够苗晒田，干湿灌浆，收获前7～10天排水进行。

（6）机械化统防统治病虫害。根据病虫害发生情况，用机动喷雾器统防统治。

（7）机械化收割。选用履带自走式联合收割机或中型全喂入自走轮式联合收割机（田块干燥），后作是小麦，收割时浅留稻桩，后作是油菜或冬闲（水）田，收割时高留稻桩，并将稻草粉碎还田。

（8）机械化烘干。稻谷用循环式谷物干燥机烘干，采用低温循环干燥烘干工艺，即预热—干燥—缓苏—冷却，保证稻米品质。

2.效益分析

该技术模式从耕地整地、育秧、栽植、植保、收获、干燥等主要生产环节实现了机械化操作，一般可增产稻谷5%~10%，每亩节约劳动力3~5个，大幅度提高劳动生产效率，每亩可增收节支300元以上。

3.适宜区域

适用于四川盆地平原、丘陵区及类似生态区。

机械整田

水稻机直播

机插秧集中育秧

工厂化育秧

贵州稻鱼鸭综合高效技术模式

◯ 来源：贵州省

› **主要内容：**

　　贵州稻鱼鸭综合高效技术已有千余年历史，是贵州省黔东南州侗族人民千百年来在农业实践中沉淀的智慧结晶。在"八山一水一分田"的贵州山区，侗族人为提高土地利用效率，将鱼、鸭引入稻田，形成了独具特色的稻鱼鸭综合高效技术模式，这种模式不仅提高了土地利用率，还实现了种养结合，"以鱼养田、以鸭治田"的精髓，开创了生物防治工程的创举，有效缓解人地矛盾，实现一田多用、一水多用的高效生产，不仅提高稻米品质，增加了稻田产出，改善了山区农民膳食结构，提高了人们生活水平。

　　1. 技术要点

　　贵州稻鱼鸭综合高效技术主要分为水稻稀植栽培技术、田鱼养殖技术、田鸭放养技术三部分。

　　（1）水稻稀植栽培技术。①水稻品种。水稻品种宜选择株高偏高的水稻品种，生产上适宜稻鱼鸭综合高效技术的水稻品种有本地香禾糯、中浙优1号、宜香优2115等品种。②播种、育秧。全省水稻宜在4月上旬至下旬播种，全部采用育苗移栽方式，可选择旱育秧、湿润育秧等方式。③施肥。在香禾糯区域可选择亩施用500千克农家肥或割秧青作底肥，亦可不施底肥，插秧后不再施肥。在一季中稻区域可选择施用1 000千克农家肥或40千克水稻专用复合肥作底肥，插秧一周之后施10千克尿素作分蘖肥，放鱼入田后不再施肥。④插秧。香禾糯种植一般按照30厘米×30厘米等行距栽插，穴栽3~4粒谷秧；一季中稻一般按照30厘米×25厘米栽插，穴栽两粒谷秧，栽插密度在7 500~9 000穴/亩。⑤大田管理。水稻活棵施肥后，放深水，直至放鱼苗，保持20厘米左右水层。之后稻田不再施肥、不再用药。一季中稻直至水稻收获前一周，放水收鱼，晒田，便于收割。

（2）田鱼养殖技术。田鱼根据各地消费习惯选择鱼苗种类，黔东南州从江、黎平、榕江等县宜选择呆鲤品种，遵义、铜仁等地宜选择建鲤、福瑞鲤等品种。呆鲤投放规格为140尾/千克，亩投入1~2千克鱼苗。建鲤、福瑞鲤投放规格为8~10尾/千克，亩投入15~20千克。鱼苗投入后不再投料，保持田间深水即可。一季中稻直至水稻收获前一周，放水收鱼。香禾糯根据需要可在收获稻谷后再收鱼或来年再收鱼。

若需留种苗的稻田，一季中稻稻田需搭简易木架或者树丫防鸟害，香禾稻田留部分稻桩即可。

（3）田鸭放养技术。田鸭宜选择从江县本地麻鸭、三穗麻鸭、江苏麻鸭等品种，在水稻栽插后15天可放田鸭，根据离住户家远近情况选择是否搭鸭棚，离家较近的可选择早出晚归方式放养，晚上喂食一次。离家远的，可在田边搭建鸭棚，每个鸭棚大小宜在3~4平方米，就近取材，采用木架搭建，有条件的区域可采用不锈钢骨架搭建，亩投放量10只，每天傍晚喂食1次。

直至水稻抽穗前3天，收回田鸭，可上市，亦可寄养。寄养的田鸭在收稻后，重新放入稻田中，食用落田谷，直至市场行情好时上市。

（4）注意事项。①水稻。水稻种植后不可施肥、用药，鱼可能会误食肥料而中毒，并对农药极其敏感。②田鸭。在黄鼠狼、野狗、野猫多的地方不可放养田鸭。③田鱼。常干旱、常发水灾的地方不可放养田鱼。

2.效益分析

以从江县加榜乡车加村为例，大部分稻田采用了稻鱼鸭综合高效技术模式，水稻采用本地香禾糯品种，平均亩产稻谷350千克，稻谷市场售价平均每千克8元，稻谷亩产值达2 800元；亩产鱼40千克，市场售价（呆鲤）平均每千克60元，鱼亩产值2 400元；亩产田鸭25千克，市场售价平均每千克60元，田鸭亩产值1 500元。综合亩产值共6 700元。其中水稻生产投入1 200元，种子为自留种，约10元，化肥为农家肥，约需人工投入150元，育苗人工投入50元，插秧人工投入200元，收割人工投入600元，晾晒人工投入80元，脱粒人工投入100元；鱼投入300元，鱼苗投入1千克，150元，收鱼人工150元；鸭投入1 100元，鸭苗投入11只，33元，鸭圈投入约500元，年均成本167元，饲料投入600元，人工管理约300元。亩均共计投入2 600元。除去成本，亩均净利4 100元。

收田鱼

3. 适宜区域

　　贵州省黔东南、黔南、黔西南、遵义、安顺、铜仁等地均可推广应用，目前全省有稻鱼面积约110万亩，稻鸭面积约33万亩，稻鱼共生区域增加田鸭投放或者稻鸭协同区域增加鱼的投放即可。根据全省稻田水源条件与热量条件，适合全省稻鱼鸭综合高效技术模式发展的面积可达400万亩。

渔沟

鸭棚

山地玉米绿色增产增效技术模式

📍 来源：云南省

▶ 主要内容：

　　本技术模式针对云南山地玉米生产长期以来产量低而不稳、品质和效益不高、生产效率和水肥药利用率低等问题，从耕作制度改革、栽培技术改进、耐低氮抗病优质品种筛选和机械化技术等方面不断探索组装而集成。通过选用抗病耐密耐低氮品种和生物长效种衣剂，减轻病害，整个生育期比传统栽培每亩省药60克；采用窝塘集雨地膜覆盖栽培，每亩节水1.5立方米；通过套种绿肥田间固氮，以及玉米秸秆过腹还田有机肥替代化肥、无人机喷施叶面肥，每亩节约化肥12.8千克。

会泽县者海镇玉米窝塘聚雨抗旱栽培模式（播种情况）

1. 技术要点

（1）品种选择。选用生育期短，抗灰斑病、大斑病和穗粒腐病，适应性广，株型紧凑，群体整齐，穗位适中，灌浆快速，成熟后苞叶松散，适宜机播机收的包衣种子，如靖单15号。

（2）精细整地。选择前作种植绿肥的地块，绿肥收割后及时采用深松整地机整地，深松深度25厘米以上，结合整地亩施腐熟厩肥1 000千克。

（3）规格播种。密切关注天气预报，雨水来临前5天内及时播种。地势平缓地块，采用单粒精密覆膜播种机，一般使用低二档，每亩确保5 000株基本苗，深度4~5厘米，同时，每亩施18-8-16缓释复混肥50~60千克，施肥时肥料距离种子8~10厘米，坡度较大的地块，覆膜后采用播种器直播，株行距（80+40）厘米×40厘米，每穴播种3~4粒，双株留苗。

（4）科学管理。杂草3~5叶及时喷洒4%烟嘧磺隆悬浮剂+松香增效剂防除杂草。大喇叭口期，若心叶发黄，用无人机追施磷酸二氢钾1次；同时，用无人机喷施事宜药剂防控后期病虫害，实现病虫前移防控1次清。8月中下旬，即玉米乳熟期间种绿肥。

（5）适时采收。青贮玉米，在乳熟末期至蜡熟期玉米籽粒乳线达到一半时采用玉米青贮收割机适时收获，并及时入窖青贮；籽粒玉米，在籽粒乳线消失，基部出现黑色层，苞叶松散时适时采收。未种植绿肥的地块，可采用收割机采收玉米，将秸秆粉碎还田并翻犁入地。

2. 效益分析

以亩产700千克、价格1.8元/千克计算，合计1 260元；亩成本投入940元，其中，种子、肥料、农药、地膜等农资295元，农机作业成本125元，其他520元。

3. 适宜区域

适宜云南东北部山地玉米种植。

会泽县者海镇玉米窝塘聚雨抗旱栽培模式（田间管理）

梯田水稻稻鱼鸭综合种养技术模式

📍 来源：云南省

▷ **主要内容：**

通过稻鱼鸭三者的共生，一方面水稻为鱼鸭提供栖息场所，鱼鸭摄食稻田里的浮游生物、底栖生物、害虫、微生物等，从而减少饲料量投喂，促进鱼、鸭的生长；另一方面，通过鱼、鸭的游动、采食和排泄等活动，抑制杂草生长和疏松土壤，增加稻田有机质，不仅促进水稻生长，而且改善土壤理化性状，减少了化肥和农药用量，从而减少环境污染，实现农业生态系统的良性循环，从而改善了哈尼梯田的农业生态环境，实现了水稻生产的提质增效，稳定了粮食生产，确保了口粮安全。

1. 技术要点

（1）水稻种植技术。一是选用良种：选用"红稻8号、红阳2号、红阳3号"等高产、优质、抗病性强、抗倒伏的红米品种。二是培育壮秧：培育40～45天秧龄、叶龄5.5～6叶的壮秧。采用旱育秧和湿润薄膜育秧，2月底至3月中旬播种。三是合理密植：亩栽1.7万丛，每丛1～2苗，基本苗在4万～6万株。采用单行条栽，规格为26厘米×15厘米。四是肥水管理：基肥亩施碳酸氢铵20千克，普钙50千克，氯化钾10千克，硫酸锌2千克，移栽后5～7天亩追施尿素10千克。五是病虫防治：

主要采取安装太阳能杀虫灯，粘贴黄板等绿色防控措施，药剂防治时应采用高效、低毒、低残留的生物农药进行防治。

（2）鱼养殖技术。一是品种选择：选择鲤鱼等生长速度快，适应能力强，耐浅水的杂食性鱼种。二是加固田埂：要求加宽、加高田埂呈底宽50厘米、顶宽40厘米、高50厘米的梯形。三是开挖鱼沟：鱼沟宽0.8米、深0.4米，以开挖形式根据田块形状、大小而定，一般开成"井""口""十""田"字形沟。鱼凼直径为4~5米，深0.8~1米，一般开挖成圆形，建在田角或田中央。开挖鱼沟和鱼凼在整田时进行，沟凼面积占梯田面积的6%~10%，鱼沟鱼凼间要相连相通，同时连通排水口。四是投放鱼苗：鱼苗每亩投放80~100克/尾的200~250尾。4月底至5月中旬，水稻返青后7~10天投放。五是饲料投放：投放鱼苗后，每隔20天左右适量投喂嫩草、菜叶、米糠、鸡粪、猪粪、豆渣、酒糟、玉米面或配合饲料，常清理鱼沟鱼凼，常检查进出水口处防逃设施。

元阳县新街乡大鱼塘村稻鱼鸭综合种养模式示范

（3）鸭养殖技术。一是品种选择：选择本地麻鸭等成活率高，生长速度快，适应能力强，产蛋多的品种。二是修建鸭舍：按8只鸭/平方米建设鸭舍，鸭舍高度为0.8米，长为2.5米，宽为1米，鸭舍建在田边或田埂上，在上部和三面封闭，舍底用木板或竹板平铺，鸭舍内高出地面，防止鸭子受潮湿。三是投放鸭苗：亩投放注射过鸭病毒性肝炎疫苗和鸭瘟疫苗的出壳40天日龄的雏鸭20只。5月中下旬，水稻返青分蘖时投放。四是大田喂养：每天定点定时饲喂每只鸭50～100克稻谷或玉米。即每天早上把鸭赶下田觅食，到晚上赶回鸭舍鸭棚里休息时饲喂，同时定期清扫消毒鸭舍、鸭棚，保证鸭舍、鸭棚内外环境卫生的清洁。五是鸭戏水池：每亩按5平方米建简易戏水池。戏水池建设在鸭舍周围，供水稻抽穗灌浆至收获期，将鸭子从稻田里赶出圈养，水稻收获后再把鸭子赶回大田里放养。

红河县甲寅镇稻鱼鸭绿色高效模式示范（现场测产实收）

（4）适时收获。九黄十收，谷粒成熟度达90%以上时及时收割脱粒晒干贮藏，鲜鱼适时收获出售，3—11月蛋鸭产蛋期适时收捡鲜蛋出售。

2. 效益分析

稻谷亩产400千克，收购价6元/千克，合计2 400元；鱼亩产量40千克，收购价40元/千克，合计1 600元；亩蛋鸭20只年均产蛋2 400枚，市场售价1.8元/枚，合计4 320元。三项合计8 320元。

3. 适宜区域

适宜云南海拔1 400～1 750米区域梯田稻作类型。

红河县甲寅镇稻鱼鸭绿色高效模式示范（收获后鸭子放养现场）

测土配方施肥技术

📍 来源：西藏自治区

▷ **主要内容：**

测土配方施肥是通过开展土壤测试和肥料田间试验，摸清土壤供肥能力、作物需肥规律和肥料效应状况，获得、校正配方施肥参数，建立不同作物、不同土壤类型的配方施肥模型。测土配方施肥技术采取"测土——配方——配肥——供肥——施肥技术指导"一体化的综合服务技术路线，根据土壤测试结果和相关条件，应用配方施肥模型，结合专家经验，提出配方施肥推荐方案，由配肥站或肥料生产企业按照配方生产配方肥，直接供应农民施用，并提供施肥技术指导。同时通过肥料质量检测、市场抽检等手段，保证各种肥料的质量。通过一体化服务的技术路线，逐步实现技术推广的社会化和产业化，提高配方施肥的普及率。

1. 技术要点

围绕"测土、配方、配肥、供应、施肥指导"5个核心环节，开展土壤测试、田间试验、配方设计、校正试验、配肥加工、示范推广、宣传培训、效果评价、技术研发等重点工作。

（1）划定施肥分区。收集资料，按照自然条件相同、土壤肥力差异不大、生产内容基本相同的区域划成一个配方施肥区，然后收集有关这个配方区内的土壤资料、已有的试验结果、农民生产技术水平、肥料施用现状、作物产量、有无自然障碍因素等资料。

（2）土壤样品采集和分析。根据土壤类型、土地利用、耕作制度、产量水平等因素，将采样区域划分为若干个采样单元，每个采样单元的土壤性状要尽可能均匀一致。为便于田间示范跟踪和施肥分区，采样集中在位于每个采样单元相对中心位置的典型地块（同一农户的地块），采样地块面积为1~10亩。有条件的地区，可以以农户地块为土壤采样单元。采用GPS定位，记录经纬度，精确到0.1"。土样在作物收获后或播种施肥前采集，一般在秋后。土壤样品采集后，按有关国标、行标或土壤分析技术规范分析所需测定的土壤养分属性，完成土壤中氮、磷、钾、硫、硅等大中量元素的测定，根据需要选择进行锌、铁、锰、铜等微量元素养分的测定，对土壤供肥能力做出诊断。

（3）田间试验。通过田间试验，掌握各个施肥单元不同作物优化施肥量，基肥、追肥分配比例，施肥时期和施肥方法；根据农业农村部发布的《测土配方施肥技术规范》（2011年修订版），大田作物推荐开展"3414"田间试验，果树和蔬菜推荐进行"2+X"田间试验；通过田间试验，摸清土壤养分校正系数、土壤供肥量、农作物需肥参数和肥料利用率等基本参数，构建作物施肥模型，为施肥分区和肥料配方提供依据。

（4）配方设计。肥料配方设计是测土配方施肥工作的核心。通过总结田间试验、土壤养分数据等，划分不同区域施肥分区；同时，根据气候、地貌、土壤、耕作制度等相似性和差异性，结合专家经验，提出不同作物的施肥配方。

（5）配肥加工。配方落实到农户是提高和普及测土配方施肥技术的最关键环节。目前全区根据各地配方设计，以"大配方、小调整"的技术路线，由自治区统一加工、生产、供肥。

（6）施肥指导。对农户技术培训讲座与印发测土配方施肥建议卡、通知单等。在农户购肥、施肥前，技术人员对农户、村组干部进行技术培训讲座，以提高广大农户对测土配方施肥技术及其技术物化产品的认识。同时推荐印发测土配方施肥建议卡，使技术人员入户到田，指导农户购买和施用优质的、配方适宜的配方肥料（复混肥、有机无机复合肥等）。同时建立田间试验示范样板，供农民现场观摩学习。

2.效益分析

测土配方施肥技术具有以下五个优点：一是节肥增产。在合理施用有机肥料的前提下，不增加化肥投入量，调整养分配比平衡供应，使作物单产在原有基础上能最大限度地发挥其增产潜能；二是减肥优质。通过土壤养分测试，掌握土壤有效供肥状况，在减少化肥投入量的前提下，科学调控其营养均衡供应，以达到改善其品质的目标；三是配肥高效。在准确掌握土壤供肥特性、作物需肥规律和肥料利用率的基础上，合理设计养分配比，从而达到提高产投比增加施肥效益的目标；四是培肥改土。实施配方施肥，坚持用地和养地相结合，有机肥和无机肥相结合，在逐年提高农作物连作单产的基础上，不断改善土壤的理化性状，达到培肥改土，提高土壤综合生产能力的可持续发展目的；五是生态环保。实施测土配方施肥，可有效控制化肥的投入量，减少肥料的面源污染，从而达到养分供应和作物需求的时间一致性，实现作物高产和生态环境保护相协调的目标。

西藏自治区测土配方施肥技术通过多年试验示范和成果转化，效益凸显。结合农作物新品种推广，示范区增产增效显著，青稞、小麦平均亩增产幅度在8%～12%，农牧民科学施肥意识明显增强，施用配方肥理念逐渐深入人心。

3. 适宜区域

西藏自治区种植业区均适宜。

肥料配比试验

关中灌区强筋小麦绿色高质高效种植模式

📍 来源：陕西省

> 主要内容：

1. 技术要点

（1）选用优质品种。在关中灌区以种植强筋小麦品种为主，搭配种植高产品种。强筋小麦以西农20、西农979、陕农33为主，高产品种以中麦895、西农822等。提倡一村1～2个品种，尽量做到品种统一。

（2）播前精细整地。在玉米收获后，抢时合墒整地，机深松或深旋深度达到25厘米，后旋耕耱地，整平地面，做到上虚下实。秸秆还田地块要精细旋耕耙磨，旋耕深度不得低于15厘米，土壤耕作层要达到深、透、平、实。

（3）测土配方施肥。积极推广多种形式的秸秆还田，实行秸秆粉碎还田。项目区推荐使用小麦肥料配方为27-12-8（$N-P_2O_5-K_2O$）或相近配方，总养分含量47%左右，亩施40千克。起身期到拔节期结合灌水追施尿素20千克/亩。减少化肥用量，适当调减氮磷肥用量，增加钾肥用量；根据土壤肥力适当增加生育中后期的施用比例，保持整个生育期养分供应平衡。

（4）推广宽幅播种技术。①播期。最佳播期一般在10月5日至10月18日。冬性品种适宜早播，半冬性品种适宜晚播。

②播量。冬性品种亩播种量11～12.5千克，半冬性品种亩播种量12.5～13.5千克。适播期每推迟2～3天，亩播种量增加0.5～0.6千克。③播种：积极推广小麦宽行宽幅精播技术，播种深度在3～5厘米。沙土地宜深，黏土地宜浅；墒情差宜深，墒情好宜浅。特别要注意，旋地后立即播种的要种浅一些。④镇压。对于不带镇压器的播种机播种后，根据墒情适时镇压。晴天播种，墒情稍差的土壤，要马上镇压；早晨、傍晚或阴天播种，墒情好的土壤，可待表层土壤适当散墒，地表发白后镇压。

（5）加强田间管理措施落实。第一，冬前管理。目标是增苗促根，培育壮苗，保苗安全越冬。主要措施：①根据墒情及时灌分蘖水，中耕保墒、促发壮苗，保苗安全越冬。②小麦出苗后遇雨、灌水或因其他原因造成土壤板结，应及时进行划锄，通气保墒，促进根系和幼苗健壮生长。③在12月中下旬至1月中旬进行冬灌，亩灌水40立方米，玉米秸秆粉碎还田后播种小麦的田块，冬灌可适当提前，起到压茬防冻的作用。冬灌前，依据苗情每亩追施尿素4～8千克，抓好顶凌耱地保墒。④越冬前当日平均气温10℃以上，选用高效除草剂进行麦田化学除草，注意用药浓度和用量。第二，春季管理。目标是促苗稳健生长，培育壮秆大穗。主要措施：①返青期及时划锄，促苗早返青、早生长。②起身期是化控、麦田除草的关键时期，当日平均气温10℃以上，每亩用奔腾5克对水30～40千克进行麦田化学除草。③在3月底4月初小麦拔节前后进行追肥浇水，预防低温冻害。④4月底5月初做好"一喷三防"。

（6）病虫草害绿色防控。采取绿色防控与化学防治相结合，专业化统防统治与群防群治相结合的防控策略，实施科学防控，推广绿色防控，注重用药安全，实现农药减量控害。"一喷三防"亩用15%三唑酮可湿性粉剂80~100克。吡虫啉20克，100克磷酸二氢钾防治。

（7）适时收获。成熟收获期要抢时收获，及时脱粒、晾晒，做到丰产丰收。优质品种要单收单晒单贮，避免混杂，影响品质。

2. 效益分析

进行优质小麦订单生产采用该技术模式，每亩种子节约5元，肥料节本15元，农药节本10元（含工费），灌水节约2元（10立方米）共计32元，凤翔县项目区平均亩产量475千克较项目区前三年产量456千克，增产19千克，增收41.8元，加价10%收购，每亩多收入95元（单价按2元/千克计算）。每亩节本增收共计168.8元。

3. 适宜区域

适应于关中灌区。

关中灌区夏玉米绿色高质高效种植模式

📍 来源：陕西省

▷ **主要内容：**

1. 技术要点

（1）选用优质高产品种。推广合理密植，减少种子用量。适宜在6月10日前播种，最迟不宜迟于6月15日。推广硬茬单粒精量机械播种，亩播量减为1.5~1.8千克，亩节本约5元。

（2）配方施肥技术。根据减氮、节磷、稳钾，配合施用锌、硼等中微量元素的原则重点推广高效缓控释肥料。氮磷钾化肥总施用量32千克，纯氮亩均用量减为16千克，化肥较上年氮肥使用量亩减少1千克，减幅3.0%，化肥亩节本2.7元。

（3）推广病虫害绿色防控。通过推广玉米黏虫物理防治，玉米螟生物防治，关键时期统一化学防治，减少病虫害防治次数1次，亩化学农药平均用量较上年用量减少3.0%，亩节本5元。

（4）推广节水灌溉技术。主要采用，铺设暗管和窄畦短畦，同时根据气象因素实施节水补灌。每亩每次灌水节省用水25立方米，平均灌水4次，共节省用水100立方米，灌溉有效利用系数达0.66，较相邻非项目区约节省用水20%以上，亩节本8~10元。

（5）推广全程机械化技术。通过社会化服务组织实施统一机耕、播种、施肥、收获全程机械化标准作业，较上年亩节省人工费用8元。

2. 效益分析

大荔区通过推广玉米全程标准化机械作业，亩总节本约28.7元，（一般田块各项生产投入约370元/亩）亩节本达7.8%。创建区平均亩增产42.8千克增值68.48元（玉米单价按1.6元/千克计算），节本、增值两项合计亩节本增值97.18元，较非项目区（非项目区平均亩产值503.4×1.6=805.44）亩节本增效达12.1%。

3. 适宜区域

适应于关中灌区。

陕南油菜节本增效技术模式

📍 来源：陕西省

▷ **主要内容：**

1.技术要点

（1）选用高产优质品种。机械直播油菜应选用低秆、高产、抗病的陕油28、秦优28、渝油28、沣油737系列品种。

（2）选择田块，及早排水晾田。机械直播田要选择土壤肥沃、面积较大的沙壤和塿土田块，在水稻收获后灭茬沥水，捡拾残茬，以利于机械整田作业。

（3）适期播种。9月20日至10月5日播种。

（4）合理密植。亩播量250克，按种土1：10的比例拌均匀撒施，不留死角，做到播匀、播全。播后用扫把统一刷扦，沉实种土，利于扎根。

（5）平衡施肥。按照控氮增磷补钾配硼的平衡施肥原则。底肥做到氮、磷、钾、硼肥配套施用，亩施45%复合肥（N∶P∶K=15∶15∶15）40千克或亩施碳铵50千克、过磷酸钙40~50千克、氯化钾8~10千克、长效硼200克作底肥。氮肥按5∶2∶3的比例分底肥、追肥、腊肥施用，磷钾肥一次性底施。

（6）精细整地。播前机旋耕、开沟一次性完成，旋耕深度控制在20~25厘米，开沟幅宽控制在1.8~2米，沟深15~20

厘米，做到畦宽一致，畦面平整，畦沟顺畅，畦向统一，利于通风，排水。

（7）芽前除草。油菜播后24小时内，用50%乙草胺60～80毫升对水40千克采用倒退的办法喷雾进行芽前封闭除草（喷药后不要随意踩踏，以免影响除草效果）。

（8）田间管理。①清沟理墒、抗旱防涝：播种结束后要及时清沟，以保证沟系的通畅，做到旱能灌、涝能排。②移密补稀、查苗补苗：齐苗后在4～5叶期，查苗补苗、移密补稀，每平方米留苗50～55株。③追肥除草：在油菜4～5叶期结合查苗补苗后亩追尿素3～4千克，做提苗肥。对个别杂草较多的田块，油菜5～6叶期，亩用烯草酮40毫升和精喹·草除灵100毫升对水40千克喷雾除草。④冬灌追肥：12月底至翌年元月初开展冬灌，结合冬灌亩追尿素8～10千克为宜。

（9）病虫害综合防治。蚜虫、菜青虫等：选用高效低毒药剂对水喷雾进行防治，严禁使用高毒农药。菌核病：初花期，当菌核病的叶病株率达到10%、茎病株率达到1%时，亩用50%多菌灵100克或其他合适药剂喷施1～2次。油菜终花期打"三叶"。

（10）适时收获。①两段收获模式：在全田油菜80%呈枇杷黄时，采用人工进行割晒（或机械割晒），就地或集中运回晾晒后熟，5～7天后用捡拾收获机进行脱粒及清选作业。②一次性收获模式：要求全田90%以上油菜角果外观颜色全部变黄色或褐色，完熟度基本一致的条件下，采用油菜联合收割机收获。

2. 效益分析

2017年勉县油菜平均亩产199.4千克，亩产值1 076.7元，每亩投入肥料、籽种、机械等费用287元，用工11.5个共690元，每亩纯收入99.7元；油菜机械直播平均亩产210.4千克，亩产值1 136.2元，每亩投入肥料、籽种、机械等费用474元，用工2.5个共150元，每亩纯收入512.2元，较移栽油菜减少用工9个，亩增加种植效益412.5元。

3. 适宜区域

适宜陕南平坝、浅山地区地势平坦，田块面积较大，利于机械操作的区域推广。

马铃薯垄上微沟栽培技术模式

来源：甘肃省

> **主要内容：**

"垄上微沟"是综合应用了垄面集留、雨水富集、入渗叠加利用原理，改弓形垄面为"M"形垄面，改侧播为垄上脊播。栽培模式以垄宽75厘米，高15厘米，带幅总宽120厘米为好，垄脊中间开10厘米的浅沟集雨，起垄、覆膜、收获等作业便于机械化操作。该技术模式解决了大垄中间部位水分含量低的问题，实现了降雨的最大化集纳保蓄和高效利用，同时增加了土壤熟土层厚度及薯块生长空间，有效提高了马铃薯商品率。一般亩产量稳定在2 000千克左右，比传统露地对照增产20%以上。

1. 技术要点

（1）选地整地。马铃薯不宜连作，应实行轮作倒茬，前茬以麦类、豆类为好。选择地势平坦、土层深厚、土质疏松、肥力中上等、坡度在15度以下的地块。前茬作物收获后及时深耕灭茬；用敌百虫粉剂（每亩用1%敌百虫粉剂3～4千克，加细土10千克掺匀），或用其他合适药剂拌制毒土撒施地面后深耕或深松耕，耕深达到25厘米以上，防治金针虫、蛴螬等地下害虫并熟化土壤，封冻前耙糖镇压保墒，做到地面平整，土壤细、绵、无坷垃，无前作根茬。若前茬为全膜种植地块，则选择不整地留膜春揭春用。

（2）种薯处理。选用产量高、品质好、结薯集中、薯块大而整齐、中晚熟品种，以脱毒种薯为好。提倡小整薯播种，若切块先要切脐检查，淘汰病薯，淘汰尾芽，将种薯切成25～50克大小的薯块，每块需带1～2个芽眼；切块使用的刀具用75%的酒精或0.1%的高锰酸钾消毒；切块后用稀土旱地宝100毫升对水5千克浸种，浸泡20分钟后捞出放在阴凉处晾干待播。

（3）合理施肥。以生态区域、地力为标准，确定目标产量，然后依据肥力等级，肥料质量，利用率及种植品种决定施肥量，实施以水定产，以产定肥。现阶段以亩施尿素32～42.6千克、普钙82.5～84.4千克、硫酸钾镁0～16.7千克，氮磷钾比1：（0.49～0.69）：（0～0.25）为宜，是现阶段依肥力从低到高的经济合理施肥量。具体操作：结合秋深耕或播前整地将推荐施肥量折算肥料实物及优质农家肥料混撒开沟条施，也可按肥料配比随起垄覆膜一次集中深施膜下。施肥时避免肥料与种薯直接接触，磷肥播前深施或秋施。

（4）规格起垄覆膜。总幅宽120厘米，垄宽75厘米，高15厘米，垄脊中间开10厘米的浅沟集雨，垄沟宽45厘米。用90厘米宽的地膜覆盖垄面，垄沟不覆盖，或用120厘米的地膜覆盖垄面垄沟。人工起垄后要进行整垄，使用整垄器，使垄面平整、紧实、无坷垃，垄面呈"M"形。覆膜一周后要在垄沟内打渗水孔，孔距为50厘米，以便降水入渗。

（5）适期播种。生产中确定适宜播种期应从以下几个方面考虑。一是块茎形成膨大期与当地雨季相吻合，同时应躲过当地高温期，以满足对水分和温度的要求。二是根据霜期来临的早晚确定播种期，以便躲过早霜危害。三是根据品种的生育期确定播种期，晚熟品种应比中晚熟品种早播。具体操作：垄脊上用打孔器破膜点播，打开第一个播种孔，将土提出，孔内点籽，打第二个孔后，将第二个孔的土提出放在第一个孔口，撑开手柄或用铲子轻轻一磕，覆盖住第一个孔口，以此类推。每垄播种2行，按照"品"字形播种，播深15厘米。

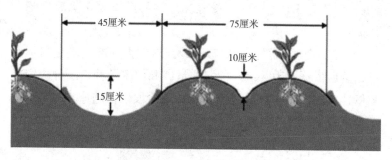

马铃薯垄上微沟集雨栽培示意图

（6）因需调密。马铃薯的产量是由每亩株数、每株结薯数和薯重构成，只有使这三个产量因素协调起来，才能获得高产，过稀过密都会造成减产。生产追求的目标不同，密度配置要求不同。以商品生产为目的追求高商品薯产量及产值时，播种密度3 420~3 482株/亩为宜，即穴距为32~33厘米；以生产种子繁种为目的追求高鲜薯产量及结薯数量时，播种密度保证3 600株/亩以上，即穴距为32厘米以下。

（7）田间管理。覆膜后抓好防护管理工作，严禁牲畜入地践踏、防止大风造成揭膜，一旦发现地膜破损，及时用细土盖严。苗期重点是保全苗，应及时查苗放苗，出苗期要随时查看，发现缺苗断垄要及时补苗，力求全苗，放苗后将膜孔用土封严；中后期以追肥为主，在现蕾期叶面喷施硼、锌微量元素、磷酸二氢钾或尿素。用0.1%～0.3%的硼砂或硫酸锌，或用0.5%的磷酸二氢钾，或用0.5%尿素的水溶液进行叶面喷施，一般每隔7天喷一次，共喷2～3次，每亩用溶液50～70千克。也可在马铃薯现蕾期、块茎膨大期等关键期灌注沼液补充肥力，灌注浓度以稀释至67%即可。

（8）病虫害防治。病害以早、晚疫病防控为主，田间一旦发现早、晚疫病病株，立即拔除并进行药剂防治，用58%甲霜·锰锌可湿性粉剂500倍液、75%百菌清可湿性粉剂600倍液或其他合适药剂，任选两种药剂交替均匀喷雾，隔7～10天防治1次，连续防治2～3次；虫害以蚜虫为主，用10%吡虫啉可湿性粉剂3 000倍液或其他合适药剂，交替均匀喷雾喷防效果较好。注意防治病毒病。

（9）收获、贮藏。当地上部茎叶基本变黄枯萎，匍匐茎开始干缩时即为适宜的收获期。地上生长势强的品种需在收获期前15天杀秧，便于机械收获，也便于块茎脱离匍匐茎、加速块茎成熟、薯皮老化；在马铃薯的收获、拉运、贮藏过程中，应注意轻放轻倒，以免碰伤薯块，收后除去病薯、擦破种皮的伤薯和畸形薯，阴凉通风处堆放，使块茎散热、去湿、损伤愈合、表皮增厚，收获后及时清除田间废膜，以防造成污染；当夜间气温降至0℃以下时入窖贮藏，入窖贮藏的适宜温度是3～5℃，相对湿度为80%～85%。

2. 效益分析

近五年会宁县累计推广应用垄上微沟黑膜马铃薯种植243.22万亩，平均亩产达到1 771.82千克，较露地对照亩产1 392.94千克增产378.9千克，增产率27.2%，按市场价商品薯

1.2元/千克、小薯0.5元/千克计,亩产值达到1 915.34元,扣除498元成本,亩收益1 417元。通过实践表明,该模式在表现出了极强的抗旱保墒能力。

3. 适宜区域

适合在年降水量250～400毫米的甘肃省中东部干旱、半干旱区推广种植。

马铃薯垄上微沟集雨技术田间规格图

马铃薯垄上微沟集雨栽培马铃薯杀秧图

玉米全膜双垄沟播栽培技术模式

◎ 来源：甘肃省

> 主要内容：

玉米全膜双垄沟播栽培技术组装配套推广优良品种、测土配方施肥、病虫害综合防治、深松耕、少免耕等技术，形成综合抗旱技术体系，有效促进了玉米生产技术升级，取得了显著的经济效益。

1. 技术要点

（1）选地。宜选用地势平坦、土层深厚、土质疏松，肥力中上等，保肥保水能力较强的地块，切忌选用陡坡地、沙土地、瘠薄地、洼地、等地块，应优先选用豆类、小麦、洋芋茬。

（2）整地。一般在前茬作物收获后及时灭茬，深耕翻上，耕后要及时耙耱保墒。

（3）施肥。肥料施用以农家肥为主，化肥施用本着底肥重磷、追肥重氮的原则进行，一般亩施优质农家肥5 000千克左右，化学肥料按纯N 10～12千克，P_2O_5 8～10千克，K_2O 5～10千克，$ZnSO_4$ 1～1.5千克或玉米专用肥80千克，结合整地全田施入或在起垄时集中施入窄行垄带内。

（4）选用良种及种子处理。宜选择比原露地使用品种的生育期长7～15天，株型紧凑适合密植，不早衰，抗逆、抗病性强的品种。

（5）土壤处理。地下害虫为害严重的地块，整地起垄时每亩用40%辛硫磷乳油0.5千克加细沙土30千克，拌成毒土撒施。杂草为害严重的地块，整地起垄后用50%的乙草胺乳油对水全地面喷雾，然后覆盖地膜。

（6）划行起垄。每行分为大小双垄，大小双垄总宽110厘米，大垄宽70厘米，高10～15厘米，小垄宽40厘米，高15～20厘米。每个播种沟对应一大一小两个集雨垄面。划行是用齿距为小行宽40厘米，大行宽70厘米的划行器进行划行，大小行相间排列。可用起垄覆膜机一次性起垄覆膜。

（7）覆膜。整地起垄后，用宽120厘米、厚0.008毫米的超薄地膜，每亩用量为5～6千克，全地面覆膜。膜与膜间不留空隙，两幅膜相接处在大垄的中间，用下一垄沟或大垄垄面的表土压住地膜，覆膜时地膜与垄面、垄沟贴紧。覆膜后在垄沟内及时打开渗水孔，以便降水入渗。

（8）适时播种。播种时各地可结合当地气候特点，当地温稳定通过≥10℃时播种，一般是4月中下旬。播种密度按照各地土壤肥力高低具体确定。肥力较高的旱川地、梯田地，每亩保苗3 200～3 700株；肥力较低的旱坡地每亩保苗2 800～3 200株。

（9）田间管理。主要做好破土引苗、及时查苗补苗、间苗、定苗、及时打杈、追施氮肥、增施锌、钾肥。

（10）后期管理技术，后期管理的重点是防早衰、增粒重、病虫防治。

（11）适时收获，当玉米苞叶变黄、籽粒变硬，有光泽时收获。

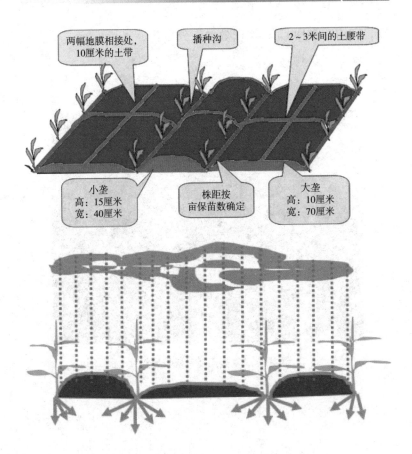

两幅地膜相接处，10厘米的土带

播种沟

2～3米间的土腰带

小垄
高：15厘米
宽：40厘米

株距按
亩保苗数确定

大垄
高：10厘米
宽：70厘米

玉米全膜双垄沟播栽培技术模式示意图

2. 效益分析

　　该模式重点在甘肃省中东部10个市（州）的52个县（市、区）实施，示范推广完成全膜双垄沟播栽培技术1 500万亩。2018年全膜玉米平均亩产650千克，与半膜玉米亩产550千克相比，亩均增产100千克，按照玉米市价1.8元/千克计算，亩均增收180元，增产效果十分显著。

3. 适宜区域

年降水量350~550毫米的旱作农业区。

玉米全膜双垄沟播栽培技术模式

油菜机械覆膜穴播栽培新模式

📍 来源：青海省

▷ 主要内容：

　　油菜机械覆膜穴播栽培新模式是在传统种植的基础上把油菜高产栽培技术、地膜机械覆盖技术和机械穴播技术有机结合起来形成的一种具有创新性的高产高效栽培技术。覆膜穴播栽培可最大限度地蓄水保墒，减少土壤水分的无效蒸发，同时可抑制杂草和油菜自生苗生长，从而减少劳动力投入，提高油菜单产水平和劳动效率，最终实现油菜生产高质（高产）高效。2014年以来，依托农业农村部粮油绿色高产（高质）高效项目，青海省互助、大通2县集成组装和示范推广了油菜机械覆膜穴播栽培新模式，取得了显著的经济效益。

　　1. 技术要点

　　一是选用甘蓝型杂交油菜青杂系列新品种。海拔2 800米以下地区选用中晚熟品种青杂5号、青杂6号及青杂11号，海拔2 800米以上高寒山区选用特早熟杂交油菜新品种青杂7号。二是采用覆膜穴播机一次性完成旋耕、镇压、覆膜、膜上打孔播种、覆土等多道作业工序。三是推广应用油菜专用肥，增施有机肥，减少化肥用量。一般亩施有机肥2～3立方米或商品有机肥100千克，油菜专用肥40～50千克。四是把好田间管理"四个关"。一是破土关。播种后，如遇降雨，膜上覆土有板结现象，应及时破土，以利出苗。二是放苗封孔关。机械覆膜穴播存在因膜孔错位或破土不彻底，造成油菜出苗不好的现象，应及时组织人员放苗，避免幼苗被高温灼伤，造成畸形苗和缺苗，并在放苗后及时封好膜孔，以提高地温，保持土壤墒情。三是间定苗关。当油菜长到3～4片真叶时开始间苗，每穴留1～2株健苗、壮苗，间苗时结合人工除草，清除膜间杂草。四是防虫关。播前利用轮作倒茬、机械深翻等物理措施减少虫源侵染；播种时使用高效低毒农药噻虫嗪进行药剂拌种，防治油菜黄条跳甲为害；油菜现蕾至开花期应用性诱剂、频振式杀虫灯、黄蓝板诱杀等方式开展油菜茎象甲、露尾甲、角野螟等虫害的绿色防控。

2. 效益分析

该技术模式应用在杂交油菜制种上，防止了自生油菜的混杂，提高了制种质量，减轻了去杂强度，降低了劳动成本，取得了较高的产量和经济效益。通过应用该技术模式，亩制种产量达到135千克、比露地制种产量125千克亩增产10千克，亩增收100元。如果加上节约的劳动成本（除草、去杂）200元/亩，除去地膜成本75元/亩，实际亩新增收入225元。2014—2018年，互助县通过在绿色高质高效创建区示范推广油菜机械覆膜穴播技术，起到了保墒、增温、避虫、防草的效果，累计示范推广面积10万亩，平均产量达306.3千克，比不覆膜栽培亩增产45.41千克，增产17.42%，效果显著。油菜覆膜穴播栽培在适当高密度栽培条件下，确保了油菜稳产高产，提高了油菜机械收获指数，降低了油菜损失率，油菜生育期提前10天左右。

3. 适宜区域

干旱山区、半浅半脑和脑山地区。

青海省大通县景阳镇甘树湾村示范区

青海省互助县丹麻镇示范区

水稻生态立体种养模式

📍 来源：宁夏回族自治区

> 主要内容：

大棚育秧+早育早插+配方施肥+适时防治稻瘟病+适期早收+机插机收，稻田养蟹鸭+沟里养鱼+田间路种植油葵。

1. 技术要点

水稻品种选用隆优619、宁粳43等优质品种，亩用种量3～6千克。采用大棚机械软盘育秧，科学配置育秧营养土，育秧前种子消毒，每盘播芽种130～145克，培育壮苗。4月中旬育秧，5月中旬机械插秧，行穴距30厘米×12厘米，每穴3～5苗，插深2厘米。采用个性化施肥技术，根据土壤养分和地力水平制定施肥方案，亩增施商品有机肥40～50千克。插秧后保持寸水管理，促缓苗、促分蘖；苗后药剂除草结合人工拔除杂草。6月底至7月初根据田间发病情况防治水稻叶瘟0～2次，7月底至8月初预防穗颈瘟1次。9月下旬，籽粒含水率18%～22%时，选用半喂入式联合收割机适期收获。5月中旬放养鸭苗，5月下旬田间路种植油葵，每条路种植4行，行距50厘米。5月下旬田间放养蟹苗，每亩5千克；6月中旬大田放养鸭子，亩放养量15只；沟里放养鲤鱼、草鱼，鱼苗规格0.75千克左右。9月中旬捕捞螃蟹、成鱼上市销售，鸭子集中暂养、销售。9月下旬收获油葵。

2. 经济效益

通过生态水稻种养结合模式应用，水稻平均亩产650千克以上，亩产值1 924元，蟹鸭总产值达到1 100元左右，生态水稻种养结合模式亩产值3 000元左右，亩净收益1 324元，较单纯水稻种植亩净收益高500元左右。通过生态种养模式应用，营造了生态的水稻种植环境，提高了大米品质，保障了食品安全，推动了农业可持续发展，社会效益显著。

3. 适宜区域

水稻生态立体种养模式可适用于宁夏回族自治区引黄灌区水稻生产，具有很强的可操作性和可复制性。

稻田养蟹虾+沟里养鱼+田间路种植油葵

棉花生产全程机械化配套技术模式

📍 来源：新疆维吾尔自治区

> 主要内容：

棉花全程机械化生产的要素：依靠农机专业合作社实施组织化生产，发挥合作社标准化作业、集约化经营的优势，推广应用拖拉机卫星导航自动驾驶、精量播种、变量控制精准植保、农机作业信息化监测等智能化、自动化科技含量高的农机装备，推动精准农业发展。采取农机作业招投标的办法，消化产能，推动标准化作业，淘汰落后产能，发展先进高效现代农机。

1. 技术要点

（1）耕整地作业。①秋季深耕平整保墒。前一年的秋季，前茬作物收获后要及时清地，对土地进行耕翻晾晒。操作要领：尽量选用200马力（1马力≈735瓦）以上的动力机械配套大型调幅式液压翻转犁适时耕翻作业，耕深要达到28厘米以上，耕深一致，翻垡平整，地头地边要耕到（有条件的可在耕翻作业前先实施深松作业）；耕翻后，土地晾晒3～5天，选用分流式平地机进行整地作业（最好采取对角作业法），起到平整保墒的作用，11月15日前必须完成以上作业。②春季整地。根据北疆的气候条件特点，融雪后，视土壤墒情，根据土质情况，选用联合整地机、动力驱动耙或分流式平地机带钉齿耙适时进行整地作业，4月10日前必须要把土地整理到待播状态，待地温合适就抢时播种。春季整地作业要领：把握"齐、平、松、碎、净、墒"六字标准，注意"浅"耙，形成上虚下实耕作层，虚土层深度不超过3厘米。

秸秆还田及残膜
回收作业

激光平地

大马力秋翻作业

平整保墒机械

春季分流式平地机
带钉齿耙整地

动力驱动耙整地

（2）播种。选用安装了拖拉机卫星导航自动驾驶系统的75~90马力拖拉机配带2BMJ-2/12或2BMJ-3/18型机采模式精量播种机实施精准作业，采用一穴一粒精量播种（相对普通播种亩均可节约种子和间苗人工等生产成本200元左右）。要求：尽量早播、浅播（播深2~2.4厘米）、浅覆土（膜面覆土厚度不超过1厘米），播行端直，接行准确（行距偏差不超过±2厘米）。4月20日以前机采棉播种结束。

播前残膜回收作业　　两膜十二行机采模式　　三膜十八行机采模式
　　　　　　　　　　　棉花播种　　　　　　　棉花播种

（3）中耕作业。北疆气候条件限制，春播时地温相对较低，滴水出苗，会造成进一步地温下降，影响早播地块出苗。要求：播种后，滴完出苗水，立即对已播棉田进行一次中耕作业，提高地温，如遇持续阴雨天气，根据需要可进行多次中耕，起到破墒、散湿、提高地温的作用。作业要求：先浅后深，留够护苗带，中耕作业不得伤苗。

（4）植保作业。化学除草、化控、喷施化学脱叶催熟剂都需要植保机械作业，一般选用喷杆式喷雾机。要求：①拖拉机和喷雾机的轮距调整为228厘米（或轮胎内侧间隙大于188厘米），轮胎不允许压在地膜覆盖的棉花行间，都是采用高地隙配置，中后期作业，地隙高度要达到80厘米以上；行走轮必须安装分禾器。分禾器前端应为圆弧状，不能出现棱角，分禾器的角度（前部的圆弧母线与地面的夹角）应小于60°，有利于将棉花枝条向上部分开。底部距地面高度25厘米，顶部距地面高度80厘米。②喷施化学脱叶剂作业时喷雾机必须加装高弹力吊杆和变量控制阀，确保喷药量均匀可靠。吊杆采用双层双喷头吊杆，吊杆应悬挂于棉花宽行的中间位置，吊杆的弹力要适中，弹力过小吊杆易漂浮于棉株上，弹力过大吊杆易挂掉棉枝或棉桃。最下层喷头离地高度选择25厘米，中间层喷头离地高度选择50厘米，可使棉花中层、下层的雾滴覆盖率明显提高。吊杆中下部必须安装伞形分禾器，分禾器高度45厘米，分禾器最佳倾斜角为15°，前倾角度和位置高度可调。喷头选择扇形或锥形防滴漏喷头，雾化好，拆装、维护方便。药箱应有明显的容量标示线，能随时观察药箱内药液量；药液需经蓄水池抽水泵、药箱加药口、药箱出水口与药泵进水口之间、药泵出水口与主管路之间四级过滤；并加装高精度回水搅拌装置，提高药液的均匀性和稳定性；药箱盖不应出现意外开启和松动现象；药液泵应具有调压、卸荷装置。主管路上设置调压装置，配备压力表，工作压力为0.03~0.035兆帕；喷架上要有自动平衡机构，喷雾机作业时喷杆远端上下摆动小于10厘米，前后平行移动40~50厘米。开关灵活，各连接部件畅通不漏水。喷药机上要有安全标志，超宽超高部位应贴反光膜。在运输过程中，喷杆能牢靠地固定在运输位置。

喷施脱叶剂后的效果

喷施脱叶剂专用设备

（5）机械采收。①棉花采收机械的选择。目前应用的采棉机主要有：约翰·迪尔7660型六行、9970型五行，贵航4MZ-5型五行，凯斯620型六行等箱式采棉机和约翰·迪尔CP690型打包式采棉机，以及少量的国产三行采棉机。从性能上看，约翰·迪尔7660箱式采棉机操作相对简单、工效相对高、故障率低、售后服务好，比较受采棉机用户喜爱；约翰·迪尔9970型和贵航平水牌4MZ-5型五行采棉机属于同一技术水平机型，价格相对低、可享受国家农机购置补贴政策，但是，对行性能相对差，经营效益相对六行机差，初期推广，农机户容易接受，不适合规模化经营；凯斯620型箱式采棉机采净率相对高，但是，相比约翰·迪尔采棉机操作复杂，故障率高，采摘的棉花含杂率偏高，不利于清理加工，市场接受程度差。约翰·迪尔CP690（原7760改进型）打包式采棉机是目前全世界最先进的棉花采摘机械，工效高，并可有效解决棉花采摘二次污染的问题，有利于提高机采棉的品质，同时，可有效降低籽棉运输成本。但是，该机型价格高，使用打包式采棉机采收棉花，加工厂需要在棉花清理加工生产线增加开模装置；棉农需要增加包膜布的采收成本（每亩地70元）。②做好采收前的准备工作。通往田间的道路桥梁要畅通可靠，田间杂草杂物要清理干净，地头地边处理好，脱叶率达到90%以上，吐絮率95%以上方可采收；采棉机械机组配套到位，作业前完成检修调试，消防设备、人员培训到位；作业地块、采收时间、籽棉储运、销售、组织协调到位。尽量避免籽棉直接卸在地头，防止残膜、杂物等异形纤维混入。棉花采摘结束后方可回收滴管带。③采收作业。一是正确操作采棉机，采净率大于93%；含杂率不得高于8%；田间籽棉含水率不得超过18%，采收后籽棉含水率不得高于13%。二是严格按照《采棉机安全驾驶操作规程》执行，驾驶操作人员要经过专业培训，持证上岗，每台采棉机作业时必须有一辆消防专用车，机组人员必须服从机车长指挥，采棉机必须按照班次要求勤保养、清洗、检查。交接班要有记录表，操作要保证人员及车安全。

机组配备运棉拖车

采棉机驾驶操作
人员培训

采棉机调试准备

田间无杂草

脱叶好、吐絮好

（6）棉花储运。棉花储运往往是被忽视的一个环节，一是往加工厂运输的有序组织，二是采收后籽棉的储运模式。目前采用的大多是，采棉机采收后将籽棉直接卸到专用运输拖车上运至加工厂；或者将棉花卸在地头，再二次装车或打模运至加工厂，有组织地开展籽棉运输，可有效减轻生产线压力。但是，在地头卸棉花，要将场地清理干净，最好铺垫帆布篷布，防止异形纤维和杂物混入。打包式采棉机（如：约翰·迪尔CP690型采棉机），采收的同时直接将籽棉打成包，棉花品质有了保障，采棉机作业效率也提高了，棉包上有信息标签，可以实现质量追溯；运输更简单，有叉车和普通的运输拖车就可以了，不需要人工装卸，效率提高了。只是需要增加打包使用的包膜布成本，每亩地大约增加70元。但是，综合效益好，有效保证了原棉品质，为棉花清理加工环节减轻了压力，完全符合棉花供给侧改革的需要。

打包采棉机

籽棉地头打模

打好的待运输籽棉模块

大豆"大垄密"栽培技术模式

📍 **来源：黑龙江农垦建设农场**

> **主要内容：**

　　"大垄密"是一项垄平结合、宽窄结合、旱涝综防的大豆栽培模式，以合理轮作、秸秆还田、秋起大垄、垄底深松、规模化经营、测土配方施肥、垄体分层施肥、宽台密植、垄上精量点播、航化作业、健身防病、GPS机械化作业等为特点，一般亩产量稳定在200千克左右，比传统的70厘米行距垄作增产20%以上。

　　1. 技术要点

　　（1）选地与整地。选地，实行合理轮作，不重茬。选用地势平坦、土壤疏松、地面干净、较肥沃的地块，前茬秸秆全量粉碎还田，均匀抛洒田间，要求地表秸秆少，地表秸秆长度在10厘米以下。对整地质量要求很高，要做到耕层土壤细碎、地平；秋起垄，要努力做到伏秋精细整地，有条件的也可以秋施化肥，在上冻前7～10天深施化肥较好。在整地方法上，要大力推行以深松为主体的松、耙、翻相结合的整地方法。提倡深松起垄，垄向要直，垄宽一致。

　　（2）品种与处理。品种选择，根据生态条件和市场需要选择选择秆强、抗倒伏的矮秆或半矮秆丰产性好的品种，适宜机械化收获。种子精选，由于机械精播对种子要求严格，所以种子在播种前要进行机械精选清除杂质。种子质量标准，要求纯度大于99%，净度大于98%，发芽率大于95%，水分小于13.0%，粒型均匀一致。种子处理，播种前用大豆种衣剂包衣或药剂拌种防治大豆病虫害，包衣要包全，包匀。包衣好的种子要及时阴干，装袋。也可以微肥拌种，选用钼酸铵、硼钼微复肥或锌肥等进行拌种。

（3）施肥。采用科学测土配方施肥，必须做到深施、分层施肥。种肥，最好采用精量点播机秋季分层施肥。经验施肥的一般氮、磷、钾可按1：（1.15～1.5）：（0.5～0.8）的比例，种肥要做到分层侧深施。追肥，叶面肥一般喷施2～3次，分别在大豆开花初期、盛花期和结荚初期。

（4）播种。播期，以当地耕层5厘米稳定通过5℃的80%保证率之日期作为当地始播期为宜。播法，垄上以3～4行为主，垄上四行，1～2行、3～4行间距12厘米，2～3行间距25厘米；垄上三行的，行距在22.5～25厘米。播种标准，播种时要求播量准确，正负误差不超过1%，百米偏差不超过5厘米，播到头，播到边。播后要及时镇压，镇压后种子深度3～5厘米。种植密度，现有品种的适宜密度收获株数为33万～36万株/公顷。

（5）田间管理。化学除草，选择安全、高效、低毒的除草剂适时进行化学除草，禁止使用长残效除草剂。化学调控，大豆植株生长旺盛，要在开花初期选用多效唑、三碘苯

建设农场"大垄密"栽培技术模式

甲酸等化控剂进行调控，控制大豆徒长，调整株型，防止后期倒伏。中耕，大豆生育期间进行3~4遍中耕。

（6）收获。大豆叶片全部脱落，茎干草枯，籽粒归圆呈本品种色泽，含水量低于18%时，用带有挠性割台的联合收获机进行机械直收。收获的标准要求割茬不留底荚，不丢枝，收割综合损失小于1.5%，破碎率小于3%，泥花脸小于5%。

2. 效益分析

大豆"大垄密"栽培技术模式，增产增效效果十分显著，2018年黑龙江省建设农场大豆亩产227.73千克，比近五年全场大豆平均亩产200千克，每亩增加27.73千克，增产13.9%。大豆按市场销售价格3.7元/千克计算，亩产值842.6元，扣除成本费用637.5元/亩，纯效益达到205.1元/亩。通过实践表明，该模式，在夏季阴雨寡照的条件下，表现出了极强的抗旱、耐涝能力，适合垦区推广种植。

3. 适宜区域

大豆"大垄密"栽培技术模式要因地制宜，适宜区域为黑龙江垦区。

建设农场秋整地、秸秆还田

第 二 部 分

2018年
绿色高质高效创建典型案例

北京市密云区

> **创建亮点：**

甘薯成了保水增收"金疙瘩"：密云区高岭镇石匣村紧邻密云水库，为落实结构调整，实现保水富民促增收目标，石匣碧水甘薯种植合作社带领本村及周边6个村村民300余人，发展节肥减药型作物甘薯种植2 000余亩，通过实施各种绿色高质高效技术，总产达400余万千克，储藏鲜食甘薯300余万千克，并进行薯干、薯条等加工延伸产业链条，提高产品附加值，在有效保护生态环境同时，促进了农民增收致富。

北京市房山区

> **创建亮点：**

"七统一"管理推进蔬菜绿色高质高效：北京泰华芦村种植专业合作社蔬菜种植面积1 200亩，配套集约化育苗温室、产品初加工厂房、检测室等设施，现有股东381户。合作社蔬菜生产实行"七统一"管理和服务，即统一优质种苗供应、统一绿色防控、统一机械化作业、统一水肥科学管理、统一包装销售、统一优质产品品牌、统一废弃物回收循环利用，促进了蔬菜绿色高质高效生产，并通过订单产销合作、会员配送、电子商务等方式实现产品品牌化销售，产品主要供给北京中高端市场，实现优质优价。

天津市宁河县

创建亮点：

选用优质辣椒品种，采取育苗移栽，高畦定植，增施有机肥，水肥一体化，整个生长期实施害虫绿色防治技术、化学防治病虫害等方面全程跟踪服务，有效控制了露地辣椒病虫害的发生，提升产品质量和产量，经济和社会效益突出。

河北省邯郸市永年区

创建亮点：

永年区在小龙马、东杨庄等乡镇建设优质强筋小麦和绿色防控核心示范区3.09万亩，重点打造博远现代农业园区，推行"龙头企业+村集体经济组织+基地"模式，统一包衣强筋品种、水肥管理、冬前除草、春季病虫防治、后期"一喷三防"，推广节水灌溉、测土配方施肥、全程绿色防控绿色技术，实现节水、节药、节肥绿色生产，项目区平均亩产513.1千克，节种16%、节药12.6%、节水20%、节肥15%。依托市级农业龙头企业博远粮油贸易有限公司，推出共享仓储、农技、信息、农资、农机、物流、订单销售等"共享农业"服务模式，上线"粮富通"手机APP，方便群众网上获取市场信息、农技服务、存粮兑现、生产生活消费等，产销衔接，增收节支。

河北省临漳县

> **创建亮点：**

　　临漳县结合绿色高质高效创建模式，力促创建成效。一是结合小麦主导产业，大力发展优质强筋小麦种植，带动全县种植面积10万亩以上；二是结合化肥农药减量行动，实现化肥较常年减少10%，农药减少5%左右，确保绿色高质量发展；三是结合病虫草害统防统治，实现全程社会化服务，新技术、新机械普及率大幅提升；四是结合优质强筋小麦种植，培育树立农业品牌，为美临粮油、久恒面粉、琪珑面业等企业提供优质原材料。

河北省赵县

> **创建亮点：**

　　在新南路沿线高标准打造小麦绿色高质高效创建核心示范区3.3万亩，全部推广藁优2018、藁优5218优质强筋品种，全部实行标准化生产和"七统一"管理，通过推广节种、节肥、节药、节水技术，强筋品种种植面积和病虫草绿色防控覆盖率达到100%，订单生产覆盖率100%，核心区农民亩节本增效达到了150元以上，总结集成了成熟的小麦绿色高质高效创建模式——春两水创高产模式，辐射带动全县58万亩小麦绿色高质高效创建整县制推进。

山西省沁水县

> 创建亮点：

围绕"绿色兴农、质量兴农、品牌强农"的发展理念，先后出台了《沁水县2018年农药使用量零增长方案》《沁水县2018年化肥使用量零增长方案》，在玉米种植及生长的每个细节都注重生态环境的保护，让绿色贯穿玉米生长发展的整个过程。在创建区积极推广使用有机肥、推广太阳能杀虫灯理化诱杀和赤眼蜂、白僵菌生物防治技术以及推广秸秆还田技术，改善土壤理化性状，增加土壤保肥供肥能力。

山西省翼城县

> 创建亮点：

按照绿色高质高效创建项目的要求，通过分县级、乡级、村级、规模户等多层次培训，积极探索"全链条"产业融合模式，稳步推进产供销一体化平台建设，在项目引导和扶持下，小麦订单生产面积达31 500亩，形成以新翔丰农业、瑞德丰种业、强劲面业、英明面业等龙头企业为核心的产供销、产加销循环产业链，小麦以强筋小麦和专用小麦为特色，小麦订单生产初具规模。

山西省岢岚县

> ### 创建亮点：

　　1万亩核心示范区全部实行合作社种、肥、膜统一机械化作业，保证了播种质量，节约了用种量，保证播种及时、快速完成。全部区域无缺苗断垄现象，并减少了放苗工序，节约用工成本30元/亩。1万亩核心示范片病虫害防控全部采用绿色统防统治。7月23—29日和8月3—11日，分两次对发生病害的地块进行喷雾统防统治。预测预报及时有效，防治效果达85%以上，实现了绿色节本防控目的。

内蒙古自治区莫力达瓦达斡尔族自治旗

> ### 创建亮点：

　　推进土地规模化经营，发挥新型经营主体规模化经营优势。以兴达米业为代表的新型经营主体在莫力达瓦达斡尔族自治旗迅速发展，土地规模化经营面积已达到了150万亩以上，规模化发展具备了一定条件。2018年兴达米业公司投入资金1.4亿元，流转土地40万亩，其中大豆15万亩，共涉及北部8个乡镇35个村屯、2 064个农户。采取企业+合作社+基地+农户的模式，由企业投资经营，合作社代管，农户出租土地受益，达到统一代管、统一品种、统一标准、统一管理、统一销售的"五统一"，规模化种植，绿色高质高效的标准化技术得以实施，成本降低，品质提升，产量提高，效益增加，土壤肥力得到明显改善。土地规模化经营是绿色高质高效创建的有力支撑。

内蒙古自治区科尔沁区

> 创建亮点：

全面落实"全项目"标准化生产。2018年科尔沁区高质高效创建主要建设玉米浅埋滴灌生产标准示范基地为主，通过完善玉米绿色生产标准体系，推广应用以水肥一体化技术为核心，辅以优质专用品种、增施有机肥、精量播种、测墒灌溉、配方施肥、绿色防控、秸秆还田、深翻深松、全程机械化等技术，实现用水用膜双控制，化肥农药双减少，质量效益双提升。2018年，科尔沁区玉米种植面积在185万亩左右，其中标准化生产面积达到105万亩，项目实现以节水为中心的标准化生产技术覆盖率由35.26%提高到56.76%。

内蒙古自治区杭锦后旗

> 创建亮点：

四控行动有力推进。一是依托种养殖大户等新型经营主体，在示范园区创建化肥减量增效示范区，通过推广机械施肥、种肥同播、水肥一体等技术，促进农机农艺融合，使化肥利用率提高8%以上，实现控肥增效；二是推广引导扶持药农更换"扇形"喷头，替代跑冒滴漏的落后喷雾器，提高雾化效果90%以上，减少农药用量40%以上，俗称"喷头一换，减量一半"，培训引导药农应用"膜间除草"技术，精准高效施药，变喷1亩地为半亩地，实现控药减害；三是推广水肥一体化"井黄双灌"技术，推广小麦套葵花、小麦套玉米和瓜类、葫芦等经济作物间种葵花等立体栽培模式，高效利用水资源，实现节水降耗30%左右，应用黄河水二次澄清后水肥一体化技术，扶持鼓励生产者通过渠道取水、机械运水等"土办法"，在农作物果实膨大的关键时期适时补水，推进水肥一体化技术，节约用水200%以上，实现控水降耗；大力推广"地膜二次利用免耕栽培向日葵技术"，在向日葵生产上推广粮油轮作、油油连作一膜两用技术，免耕后翌年在旧地膜上继续直播向日葵，最后再通过人工进行回收，节本增效，节本降膜。

辽宁省兴城市

▷ 创建亮点：

兴城市花生绿色高质高效创建核心区产量平均达到351千克，辐射带动区花生产量达276千克/亩，"三区"平均产量278千克/亩，高于非项目区花生平均产量231千克。通过项目实施，核心示范区亩均节本增效262元，其中曹庄核心区节本增效达521.6元。核心示范区亩均节本增效13%以上。项目区亩均用肥量42千克，与非项目区相比，亩节肥8千克，节肥率约16%，农药减少使用20%。

辽宁省桓仁县

> ## 创建亮点:

桓仁县在实施水稻绿色高质高效创建项目中,集成组装、示范推广了水稻有机栽培综合种养模式,实现"全过程"社会化服务,"全链条"产业融合,"全县域"绿色发展,有效促进了桓仁水稻转型升级,取得了显著的经济效益。该模式共涉及2个核心示范区,推广应用了0.247万亩,实现亩均节约成本300元。其中,桓仁官地核心示范区米伯乐稻米专业合作社,应用该套技术模式,种植面积达到650亩,实际亩成本3 800元,亩均纯收益6 500元以上。通过稻鸭共作,亩节省成本300余元,亩增加收益2 000元。预计该模式2019年在本县推广应用面积达6 000亩。

吉林省梨树县

> ## 创建亮点:

项目区基本采用免耕全覆盖,秸秆全部还田的梨树模式,起到了生态环保、培肥地力,节本增效、利国利民。不但解决了农民焚烧秸秆难题、变废为宝,而且还能够保水蓄肥、增加土壤有机质含量,推动了现代农业的可持续性发展。联合新天龙酒业公司,解决农民卖粮难题,订单收购玉米8 000万千克，创建了"专家+合作社+农民联盟"的科技体系。

吉林省前郭尔罗斯蒙古族自治县

> **创建亮点：**

进行有机水稻生产，提高经济效益。2017年种植有机水稻5 350亩，实现产值4 000万元，有机水稻在淘宝网销售价格达40元每千克。"善德良米"牌有机大米被确定为2016年G20峰会和2017年厦门金砖国家领导人会晤指定用米。

吉林省公主岭市

> **创建亮点：**

公主岭德乐农民专业合作社绿色鲜食玉米种植，打造黄金玉米。通过种植有机、绿色鲜食玉米，带动全村农民致富。发展绿色鲜食糯玉米种植，实现了24小时可视绿色种植、生态养殖、农产品加工的一体化发展模式。实现业务收入250万元，业务利润50万元，营业外收入349万元，全年盈利399万元，使联合社成员年平均增收近1 500元，解决了135人就业，扶持帮助贫困农户达到507人。

黑龙江省海伦市

> 创建亮点：

　　海北富硒绿色高质高效大豆示范区种植大豆50 000亩，通过采用110厘米大垄垄上种植3行栽培高产技术模式进行示范推广，提高富硒绿色大豆产量及品质，把海伦富硒绿色高蛋白大豆打入中高消费层次市场。该示范区较普通大豆种植地块亩增产大豆40千克，按照每千克富硒绿色食品大豆5元计算，由提质增产总增效益200元。

黑龙江省虎林市

> 创建亮点：

　　东诚镇良艳有机鸭稻示范区由虎林市良艳有机鸭稻种植合作社经营种植，种植水稻2 000亩，其中有机鸭稻500亩，绿色水稻1 500亩。示范区采用"鸭稻共作"有机种植模式，既在种植水稻的同时养殖稻田鸭，又利用鸭子旺盛的杂食性，吃掉稻田内的杂草和害虫，同时鸭子的粪便作为肥料，形成了种养结合生态型的农业示范区。亩产鸭稻403.25千克，出米率62%，产鸭稻米250千克，每千克销售价格30元，鸭稻田亩效益达到7 500元。出售稻田鸭每只10元，每亩18只，收益180元。亩成本2 500元（其中地租、种子、豆肥、插秧、除草、收割等约2 100元；幼鸭、鸭舍、喂养等亩投入400元），亩纯收益达5 180元。

黑龙江省宁安市

▷ 创建亮点：

宁安市庆丰标准化棚室蔬菜创建区占地50万平方米，建有300个冷棚、24个暖棚，蔬菜冷处里车间1处，蔬菜交易大市场1处。贫困户以小额贴息贷款注入合作资金2 654万元，采取与531户贫困户贷资入股、合作分红方式建设。年底入社贫困户每户分红4 000元，到2018年底生产番茄、甘蓝、彩椒、黄瓜等反季节蔬菜2 500万千克，年利润实现330余万元。

黑龙江省克山县

▷ 创建亮点：

新隆合作社鲜食玉米绿色高质高效创建区种植鲜食玉米23 000亩，采用大机械联合深松整地机作业，选择成熟期相对较早、适合本地生长的奥弗兰品种，实现播种、田间管理、收获全程机械化耕种模式，应用绿色高质高效技术，亩成本投入850元，亩产1 400千克，亩效益达450元，实现收益1 035万元。

上海市崇明区

> ▷ **创建亮点：**

以全面推广用地养地相结合的"绿肥—稻""冬耕晒垡—稻"水稻茬口模式为主体，基本实现全覆盖；积极探索水稻"两无化"栽培（不施化学肥料和农药）和"稻—虾—鳖""稻—小龙虾""稻—鱼"等生态种植模式，减少化肥、农药使用，为崇明生态岛建设添砖加瓦。

江苏省海安市

> ▷ **创建亮点：**

海安市以政府为引导，建立了"大户+基地+企业+品牌销售"的经营模式，组建了海安大米产业联盟，推进稻米种植、加工融通紧密，一二三产融合发展，提高稻米产业可持续发展动力，打响"海安大米"品牌。

江苏省东台市

> ▷ **创建亮点：**

东台市在"味稻小镇"五烈镇实行水稻高质高效创建整镇

推进的基础上，重点打造五烈现代农业示范园，园区1.05万亩水稻实行了工厂化集中育秧机插秧，全部采取物理和生物绿色防控措施减少农药用量，采用有机替代无机控减化肥用量，实现了优质生产。园区新上了日烘干能力达1 200吨全自动烘干线、日产200吨绿色大米加工线一条及配套低温库一座，实现了"金满穗大米"绿色品牌销售，正在申报"东台大米"地理标志农产品。

浙江省江山市

> ## 创建亮点：

　　江山市从2008年开始承担原农业部万亩高产创以来，至今开展粮食（水稻）高产创建工作已历经10年。十年来高产高效创建成绩显著，水稻单产逐年提高，高产纪录屡次创新。2016年和2017年连续两年在百亩方和攻关田单产上双创浙江省单季稻高产纪录，2017年还首次实现浙江省单季稻百亩方平均亩产超千千克计划，预计2018年又有新的突破。

浙江省仙居县

> ## 创建亮点：

　　仙居县是浙江省内最早也是目前唯一的全国绿色食品原料（水稻）标准化生产基地。仙居县高度重视粮食产业，2018年将水稻产业振兴列入了政府工作报告，制定了优质稻米产业振兴实施方案，组建了优质稻米产业联盟，构建了"神仙居"稻米区域公用品牌及母子品牌体系。通过绿色高质高效创建重点打造了5条绿色稻米加工流水线、4条稻米延伸产品加工流水线和一批稻米型美丽田园，做大做强"神仙居"稻米品牌。

安徽省庐江县

▷ 创建亮点：

庐江县单季稻钵苗机插绿色高产高效技术攻关示范方，针对本区域单季稻肥料农药利用效率低、全程机械化生产的质量不高，优质丰产多抗品种缺乏等问题，通过优选优质高抗良种，推广钵苗机械化栽插，应用光谱监测、测土配方与平衡施肥、病虫草害绿色防控等技术，实现肥药环保施用和高效利用，提高全程机械化水平，提高稻米品质，最终实现综合效益增长。

安徽省舒城县

▷ 创建亮点：

稻虾共生高效生态种养模式。实行稻虾共生种养模式后，粮食单产增加，新增龙虾产品，龙虾价格翻番，水稻和龙虾生物链循环利用，共生投入成本与单种、单养投入成本基本持平，总体效益基本翻番。稻田实行稻虾共生种养模式，每亩水稻产量约500千克，产值1 200元/亩。亩产龙虾100千克，按均价40元/千克计算，效益达4 000元/亩。每亩产值5 200元，扣除开销和成本，纯收入高达2 000多元。稻虾共生大户均实现纯收入翻番，效益十分明显。

安徽省桐城市

▷ 创建亮点：

水稻+多功能油菜。桐城市海潮家庭农场多年来从事多功能油菜开发，近年种植面积都在300亩左右，取得了较好的经济效益。前茬种植中籼杂交稻，亩产在600千克以上，收入在1 500元左右。杂交稻收割后，秸秆还田，旋耕后机开沟直播，在油菜薹高40厘米时摘薹1次，亩摘鲜薹200千克，再每亩补施5～7.5千克尿素，对油菜产量基本没有影响。鲜薹2018年市场批发价格在每千克8元，亩收入1 600元，油菜籽亩产150千克，亩收入800元。该户水稻+多功能油菜既能保证水稻和油菜籽的产量，又能为种植户每亩增加1 000元左右的净收入，并解决了蔬菜春荒问题，丰富了市民菜篮子。

福建省政和、周宁县

▷ 创建亮点：

倡导茶园不用化学农药促进茶产业绿色发展。一是实行"三个替代"。在持续建设生态茶园的基础上，通过实施《福建省化肥使用量零增长减量化专项行动》，在茶园全面推广有机肥替代化肥；实施《福建省农药使用量零增长减量化专项行动》，全力推进茶树病虫害绿色防控替代使用化学农药，全力推动专业化茶树病虫害统防统治模式替代家家户户分散式防治模式。二是开展试验示范。项目县依托中国农业科学院茶叶研究所强大的科研力量，为项目实施提供技术指导，推广最新的茶树害虫性诱剂、天敌友好型LED杀虫灯、茶树害虫数字化粘虫色板、水溶性农药速测卡等茶园有害生物综合防治成果，辐射带动面积达10万亩，取得良好的防治成效。三是强化科技服务。福建省各级农业（茶业）主管部门组织有关专家深入茶区，举办讲座，开展技术培训，指导各地按照《福建茶叶绿色发展技术规程》，通过采用生态调控、农艺改良、物理防控、生物防治等措施，倡导茶叶生产主体自觉不使用化学农药。

福建省尤溪县

▷ 创建亮点：

烟后稻机插绿色高产高效创建。依托耀旺农机专业合作社在尤溪县溪尾乡的溪尾、埔宁、大宁、纲纪等村建立1 200多亩的烟后稻生产全程机械化示范基地，带动溪尾、西滨、汤川等乡镇5 500亩的烟后稻绿色高产高效生产。烟后稻播种期受前茬烟叶收获期及机插秧秧龄的限制，又要保证烟后稻的安全齐穗，需选用熟期中偏早的，分蘖快，后期耐寒性强的组合，根据尤溪的实际情况，烟后稻机插丰产百亩示范选择"泸优明占"作为示范组合。采用全营养基质机播叠盘暗出苗集中育秧技术，培育适龄，长势均衡，盘根性好的秧苗，以利于提高机插秧质量。配套严格水肥管理和病虫绿色防控统防统治，丰产示范片取得较好成果。

江西省丰城市

> ## 创建亮点：

依托丰城市土壤富硒资源，重点打造富硒有机稻特色栽培技术模式。以丰城市乡意浓富硒生态科技有限公司为主体，开展富硒有机稻生产，种植面积1 500亩，主栽品种为乡意浓2号、美香新占等。全生产过程不使用化肥、农药、除草剂、生长调节剂等，保证有机稻品质。据测算，每亩总投入1 690元，产出5 775元，纯收入4 085元。

江西省都昌县

> ## 创建亮点：

全县创建万亩示范区1个、千亩示范片4个和百亩示范点24个，示范区面积2万亩。示范区围绕"345"（300元成本、400斤*产量、500元收益）目标，开展技术模式攻关示范，推广稻草还田机械联合播种、机开沟免耕直播、种子包衣、缓控施肥、无人机绿色防控和联合机收等技术。经测产，示范区油菜单产226.29千克/亩，亩纯收益764.7元，创全省新纪录。

---

* 　1斤=500克。

山东省齐河市

> 创建亮点：

小麦"七配套"和玉米"七融合"绿色高产高效技术模式。即小麦高产优质品种+配方精准施肥+深耕深松灭茬+规范化播种（包括精细整地、宽幅精播、播前播后镇压）+浇越冬水+氮肥后移+一喷三防；玉米高产优质耐密品种+宽垄密植+抢茬机械单粒精播+配方精准施肥+"一防双减"+适期晚收+机械收获。通过推行小麦、玉米绿色高产高效技术模式，齐河县在粮食生产绿色发展方面再次走在全省前列。

山东省邹平市

> 创建亮点：

邹平市通过综合运用水肥一体化、病虫害绿色防控等粮食绿色生产技术，有效减少了水、肥、药的使用量。特别是集中发展了10.4万亩的水肥一体化，相比大水漫灌、大肥大药的传统生产方式，1亩地能够节水35%以上，节肥30%以上，同时还大量节省人工，一人可管50亩的麦田灌溉。据专家估算，除了必要的基建设施（铺设软管和主管道分摊一年成本大约是每亩150元），通过减少水、肥、药特别是人工成本，扣除分摊费用，1亩地可以增加收入150元，在粮食生产上实现了质量、效益、生态"三赢"。

青岛市平度市

> **创建亮点：**

以平度市蓼兰镇为核心，在平度西南部5个镇（街道）建成10万亩粮食绿色高产高效创建示范区，其中核心示范区小麦平均亩产量达到621.7千克；辐射区平均亩产568千克，比全市前三年平均高26.2%；6月19日，经青岛市农委组织的省内专家组现场实打验收，青岛青农种子产销合作社的青农2号小麦攻关田，实打单产807.87千克，突破800千克大关。

河南省长葛市

> **创建亮点：**

一是"专种"。组织具体负责绿色高产高效创建项目实施四家公司与农户签订收购合同，实行订单生产。整合农开、植保等部门资金200万元，对供应的优质麦种子进行统一包衣，确保一播全苗。对项目区分区划片，由专家包区，技术人员包片，负责对辖区小麦进行全程跟踪服务，全生育期进行技术指导。二是"专收"。充分发挥河南豫粮种业有限公司优势，采用"龙头企业+农业公司（合作社）+农户（种粮大户）"模式，由龙头企业与种植农业公司签订优质小麦回收合同，农业公司（合作社）与农户签订回收合同，以高于普通小麦市场价0.1元价格对优质小麦进行收购。三是"专储"。豫粮种业提前安排5个优质麦专储仓库,实行分品种存放。同时加强对仓库管理人员培训,要求管理人员严格按照优质麦仓储规程,及时做好通风、调温、防潮防蛀等工作,确保小麦质量,提高经济效益。四是"专用"。优质小麦由河南豫粮种业有限公司统一收购后,除豫粮集团内部用于生产面包专用面粉外,其余全部外销,豫粮集团与广东面粉协会签订长期供应合同。

河南省鹿邑县

▷ 创建亮点:

一是统一深耕。以乡镇为单位,投入社会化服务项目资金325.5万元,组织大型深耕机械,对优质专用小麦示范区全部统一免费深耕。二是统一施用有机肥。利用社会化服务项目资金287.2万元,通过政府公开招标,采购1 641吨有机肥,免费供应到示范区使用。三是统一供种。通过专家推荐,农业局班子研究,选定新麦26、丰德存麦5号、郑麦7698、周麦32四个强筋品种作为推广品种,并投入资金352.2万元,采购种子59万千克,按照"一区一品"的原则免费供应到示范区。四是统一播种。以行政村为单位,在县技术人员和乡镇干部的指导下,组织专门人员和机械,进行统一播种,提高播种质量。五是统一防治。针对优质小麦易倒伏,抗病虫害能力差等弱点,利用农业生产救灾资金10.4万元,购买化控防倒药物,对新麦26示范区统一进行化控防倒;利用高产创建资金

80万元，购买飞防服务，对示范区小麦进行植保无人机统防统治。

湖北省潜江市

> **创建亮点：**

潜江市开展水稻绿色高质高效创建，主要推广虾稻共作种养模式，小龙虾与水稻在稻田中同生共长，全程不施用化学农药，不施或少施化肥，产出的稻米和小龙虾无污染、品质高。全市组织龙头企业开展订单收购，推进潜江虾稻品牌建设。据统计，潜江市虾稻共作平均亩产小龙虾200千克、稻谷600千克，亩均收入5 000元左右，比单一种植中稻亩均增收3 000元左右。

湖北省蕲春县

> **创建亮点：**

蕲春县开展水稻绿色高质高效创建，主要推广"中稻—再生稻"模式，再生稻具有省种、省水、省肥、省药、省秧田、提质增效等优势。据统计，蕲春县采用"中稻—再生稻"模式，平均亩产900千克左右，比一季中稻亩增250千克左右，生产成本亩均减少300元左右。

湖南省南县茅草街镇

> **创建亮点：**

依托产业化龙头企业，在南县茅草街镇新尚、回民、同春三个村共流转面积3 157亩，已投入资金1 000万元，按50亩一个打造标准种养池，开发了2 700多亩标准化稻虾种养基地，进行小龙虾和优质稻的种养。2018年产值达1 200万元，效益700多万元。推广"公司+基地+农户"的高效生产经营模式，与周边农户签订购销合同，带动周边农户发展稻虾生态种养达17 000多亩。

广东省高州市

> **创建亮点：**

开展再生稻种植模式示范是为"稻—稻—菜—菜"种植模式赢得时间。早稻收割后留禾头长禾苗进行再生稻生产，再生稻可提早收割时间，让农民抢种冬种蔬菜生产增加农民收入。6月下旬早稻实行人工收割后，立即将田间回水让禾头长禾苗，进行田间管理，9月中旬可收割，平均亩产250千克。整个再生稻生长期为80天。再生稻收割后即刻整地种植丝瓜，9月中旬是反季节种植丝瓜最好时机，这种丝瓜平均亩产2 500～3 000千克，一般年份平均价每千克3～4元，亩产值达1万多元。实现了良好的经济、生态效益。

广东省怀集县

> **创建亮点：**

　　稻菜轮作栽培技术。利用有限耕地，既增加了耕地质量和单位产出效益，又保障了粮食安全生产。2017年开始，在冷坑镇楼边村、双甘村和马宁镇寨村蔬菜基地开展稻菜轮作种植，2018年在冷坑镇熔炉村、楼边村、双甘村和马宁镇寨村蔬菜基地近3 000亩开展稻菜轮作种植。经对稻菜轮作中的直播中稻测产，深优9516产量达到540千克/亩，中稻收割后种植三造菜心，其中三造商品菜心达到1 200千克，按照目前6元/千克计算，效益达到7 200元。综合效益显著，平均亩产值达到8 658元，比常规双季稻模式（总产量按照平均800千克计，单价按照2.7元/千克计，稻菜轮作单价同）增产6 498元，由于稻菜轮作，降低了耕地中的土壤酸性，并且由于水旱轮作，降低了病虫基数，减少了水稻和蔬菜种植过程中的农药使用（第一造菜心不用打农药），实现了较好的社会、经济和生态效益。

广西壮族自治区港南区

> **创建亮点：**

　　通过稻—稻—绿肥耕作制度，实现水稻的绿色优质高效，最终达到以田养田的目的，使得水稻的耕作区域可以自我调节达到土地的使用和保养相互统一和协调。利用冬闲田播种绿肥，当做来年种植水稻的有机肥的来源之一，保护好水稻土壤的肥力，更新土壤的腐殖情况，保障土壤的有机肥力，改善土壤的理化特性，达到节水、节肥、减少农药使用，提高水稻的产量与品质。

广西壮族自治区大新县

▷ 创建亮点：

2018年在全县稻作区推广稻+稻+肥（油菜）技术模式，一是在全县的示范区种植早、晚优质稻为主，晚稻收割后，利用冬闲田种植绿肥（苕子、油菜），以提高土壤有机质含量，增加土壤肥力，以达到减少化肥使用量的目的。二是核心区（堪圩乡）利用"明仕田园"景区的地理优势，建立油菜花观赏基地，吸引游客以带动当地旅游业的发展，增加当地群众收入。盛花期过后利用油菜秸秆还田，增加土壤有机质，以减少次年水稻化肥的施用量。

重庆市巫溪县

▷ 创建亮点：

巫溪县塘坊镇梓树村村民种植冀张薯12号，亩产达3 345.6千克，创造了2018年巫溪单产纪录。种植原种250亩，产量375吨，获益67.5万元，种植冀张薯12号原种150亩，产量

240吨，获益33.6万元，成本1 500元/亩，纯收入40万元以上，套种甘蓝80亩、萝卜2亩，亩纯收益1 000元，新增纯收益8万元，全年总纯收益达48万元。

重庆市彭水县

▷ 创建亮点：

"专业社+基地+农户"和订单模式。彭水县成容农作物种植股份合作社订单种植渝薯17、商薯19共500亩，预计亩产2 100千克，总产1 050吨，产值84万元，纯利20余万元；"两季"食用薯生产试验取得成功，三个品种"南瑞苕、浙薯13、渝薯17"产量均超过1 300千克，按最低2元/千克算，亩产值4 000多元。

重庆市江津区

▷ 创建亮点：

白沙镇水稻绿色高质高效创建核心区，实行优质良种、有机肥、绿色农药、全程社会化服务四统一，建立富硒优质绿色大米基地2 000亩，并打造"贺硒源"富硒绿色大米品牌，带动周边农户亩均增效300元。其中：通过享受社会化服务节约成本80元、物资统购节约成本20元、增产50千克增加效益100元、高于市场价的订单收购增加效益100元。

四川省广汉市

> ### 创建亮点：

广汉市绿色高产高效创建示范以种粮大户和专业合作社为实施主体，集中推广川优6203、宜香优2115、晶两优1377、德优4103等二级优质稻品种，发展优质稻米订单面积近10万亩，打造了满多多、80耕夫、连锦等优质稻米品牌，建立了德阳市内首家县级农产品区域公用品牌"雒禾禾"。示范区集成全程机械化生产、种养循环、绿色防控、秸秆综合利用等绿色高质高效生产技术，集成技术覆盖率达到100%，病虫害绿色防控覆盖率100%，示范区秸秆禁烧和综合利用达到100%，化学农药使用量减少40%，示范区小麦平均单产达到480千克，水稻平均单产达到671千克。

四川省沿滩区

> ### 创建亮点：

沿滩区按照"企业+专合社+基地+农户"产业发展机制，依托互惠粮油专合作社示范推广"优质稻+生态鱼"绿色循环种养3 058亩，示范区在稳定水稻产量的基础上、生态鱼预计平均亩产150千克，亩增加收益1 000元以上。开展稻谷回收加工，创建"富全贡"大米品牌，开展了农超对接、展示展销，充分挖掘贡米文化，举办了"信步沿滩，美过周末"富全打谷文化体验周活动，促进了乡村旅游发展，带动了周边农户户均增收2 000元以上。

贵州省播州区

> ## 创建亮点：

　　播州区马蹄镇依托良好的水源条件，积极发展绿色稻+鱼产业。结合实施水稻绿色高质高效项目配套的2 000千克优质水稻品种、1 000千克鱼苗，镇政府配套投入资金30余万元，采购鱼苗和围网等物资，在平海线、长远、军河等村发展绿色稻+鱼2 000多亩。通过农户与农民专业合作社订单生产的方式，按每千克5元的单价收购稻谷，同时申报无公害农产品认证，统一加工包装，打造优质稻米品牌，做大做强该镇的绿色稻+产业。通过验收核算，稻+鱼亩产值在3 000元以上，亩均增收1 000多元。全镇2 000多亩绿色稻+鱼可增收200多万元，涉及贫困户180多户。

贵州省湄潭县

> ## 创建亮点：

　　位于湄潭县永兴镇茅坝村的优质稻基地，充分利用贡米文化资源优势，开拓优质米高端市场。通过举办贡米文化节，采用原产地田园直购的方式种植、销售特色优质米"大粒香"，客户认购皇田并签订原产地优质米直购协议，提供原产地"茅坝米"，订单销售到全国各地，受到消费者的青睐和好评。每亩出产顶级优质大米200千克，每千克100元左右，亩产值2万元。

贵州省金沙县

> ## 创建亮点：

金沙县高粱绿色高质高效创建项目区重点推广应用分带宽窄行栽培方式，采取1.5米分带，宽行距1~1.07米，窄行距0.4~0.5米，窝距0.2~0.23米，每窝双株留苗，每亩保苗8 000~9 000株。宽行可间套种植马铃薯、大豆、蔬菜等矮秆作物，收获后种绿肥。主要的轮、间、套作模式有："有机高粱—绿肥""有机高粱—大豆—绿肥"，试验表明，分带栽培比等行栽培结实率增加3.1%，千粒重增加0.2克左右，提高产量9.44%，单产水平显著提高，同时，改良了土壤，提高了土壤有机质含量，大豆亩产128.6千克，产值1 028.8元，高粱亩产值2 433.92元，亩产值达3 400元以上。

云南省会泽县

> ## 创建亮点：

会泽县针对玉米生长苗期干旱，中后期降水集中等问题，集成推广"选用适宜优质杂交良种+抗旱湿直播（三干播种）+宽窄行标准化地膜覆盖+窝塘集雨+增加种植密度+增施农家肥+测土配方施肥+精细田间管理+病虫害综合防治"等标准化技术，大力推行"五统一"，即统一种植品种、统一肥水管理、统一病虫防治、统一技术指导、统一机耕作业，围绕"控肥增效、控药减害、控水降耗"，全面推行节肥、节药、节水等节本增效技术。通过项目实施，创建区核心区玉米平均单产达797.92千克。

云南省宣威市

> **创建亮点：**

宣威市通过大力推行"五统一"，和开展"互联网+现代种植技术"，提高生产组织化、标准化、信息化程度。实现5万亩蔬菜创建区产量较非创建区提高5.2%，耕种收综合机械化水平较非创建区高5.4个百分点，蔬菜产品优质率较非创建区高6个百分点。

云南省鲁甸县

> **创建亮点：**

鲁甸县以绿色发展理念为引领，全面推行节肥、节药、节水等节本增效技术，创建区化肥、化学农药使用量较上年减少2%以上，当季地膜基本实现全回收，示范带动全区马铃薯种植的可持续发展。通过项目实施，创建区马铃薯平均单产达1 721千克，较非创建区马铃薯产量增6.5%，增加鲜薯1 060万千克以上，增加产值1 166万元以上。

西藏自治区南木林县

创建亮点：

结合自治区下发的《区农牧厅区农牧科学院关于加强农业科技服务的通知》，进一步强化区市县乡四级联动服务机制；以创建为抓手，狠抓"喜玛拉22号"等优良品种增产技术服务。建立了"喜玛拉22号"区、市、县、乡、村五级技术服务微信群，加快技术传播及带队伍的步伐。在创建的基础上以"千亩千斤"示范片区为试点，首次引进先进大型整地、播种、施肥、镇压一体机开展社会化服务农田作业，促进青稞生产提质增效。

西藏自治区江孜县

创建亮点：

为增强创建技术指导服务力度，将工作成效作为县乡农技人员职称考核基本标准和评先评优依据，以及农牧民科技特派员补贴依据，层层签订责任书、建档立案；以"八个统一"为保障，有效地将集成技术结合起来；以苗情、墒情、灾情和病虫情等监测为手段，以翔实记载为依托，建立全年工作台账，确保服务指导分区域、分季节、分层次的有安排、有落实、有跟踪，有效推动高质量的"种、管、收"创建工作。

陕西省蓝田、永寿、澄城等县

> **创建亮点：**

针对部分地区有水但水量不足、有水但地势不平整或有水但水费太贵的实际，陕西省把"蓄水保墒、培肥土壤、免耕覆盖、节水灌溉"等节水工程措施与高效农艺措施相结合，在蓝田县、永寿县、澄城县研究攻关了移动式、固定式和微喷控水控时旱作节水补灌增产技术模式。示范田较对照田平均亩增产100千克以上，增产增收效果明显，为旱地小麦高产稳产开创了一条新路径。

陕西省勉县

> **创建亮点：**

按照"一二三"融合发展的理念要求，围绕油菜多功能开发，依托2018年勉县举办汉中市文化旅游文化节油菜花海主会场活动，以西汉高速、十天高速、川陕108等6条观花线路，阜川、同沟寺等15处观花点，种植油菜花海16.8万亩，在8镇37个村引进示范种植春油菜850千克。全县油菜花海吸引游客油菜观花187.51万人次，旅游收入8.6亿元；在金沙滩示范种植大地199—菜两用50亩，开发油菜多功能。2018年秋季勉县金花油脂有限责任公司开展高端有机油菜生产订单，在定军镇示范面积300亩。把油菜常规的食用生产向休闲、生态、文化等新的功能领域拓展，探索稻油产业新技术、新业态，新模式。

甘肃省会宁县

> 创建亮点：

黑膜马铃薯垄上微沟技术改弓形垄面为"M"形垄面，改侧播为垄上脊播，不仅解决了大垄中间部位水分含量低的问题，而且有效提高了商品率。县委、县政府将此项技术列为"21211"农业农村产业突破行动之一，实现了贫困户技术培训全覆盖，贫困户黑膜马铃薯种植全覆盖，贫困户机械服务全覆盖，贫困户脱毒种薯应用全覆盖。

甘肃省广河县

> 创建亮点：

广河县在推广全膜双垄沟播技术，始终把控好饲料种植线，将绿色高质高效与"粮改饲"有机结合起来。坚持以三个"全覆盖"落实全膜双垄沟播技术。一是优良品种、技术模式全覆盖，2018年新品种覆盖率达到98%；二是地膜补贴全覆盖，按照亩均8千克的标准，将地膜供应到千家万户；三是技术推广全覆盖，全县适宜于全膜双垄沟播技术的9个乡镇的83个干旱村技术推广全覆盖，为全县粮食生产、粮改饲及牛羊产业奠定坚实基础。

青海省大通县

> 创建亮点：

2018年，大通县突出油菜专业化统防统治与绿色防控技术融合示范推广，以点带面，充分发挥出了典型示范作用。共创建统防统治与绿色防控融合示范区5个，绿色防控核心示范面积达2万多亩，辐射带动10万多亩。共投入扶持资金182万元，应用杀虫灯300多盏，性诱剂0.3万套，黄蓝色粘虫板40多万张，生物农药应用10万亩次。油菜全程绿色防控区域，减少喷施化学农药1~2次，油菜示范区化学农药使用量平均减少30%。绿色防控与生态采摘、农事体验、休闲观光等相结合，推进了产业间融合发展，实现了旅游观光与农业生产的双赢。

宁夏回族自治区永宁县

> 创建亮点：

依托稻米蔬菜龙头企业，大力发展有机农业，建设有机水稻、有机蔬菜基地，拓展农业功能，示范稻田养蟹、养鸭、玉米地养鸡、春小麦麦后复种蔬菜等复合立体生产模式，推进产业融合发展，创建区稻谷高于市场价格0.4元/千克、玉米地放养鸡高于市场价10元/千克，稻渔共养每亩增收600~800元，综合效益显著。

宁夏回族自治区利通区

> **创建亮点：**

坚持"稳粮调饲增菜"的种植结构调整思路，大力发展蔬菜产业，与广州、福建蔬菜产销商签订露地甘蓝、菜心、奶白菜订单3.5万亩，与上海、重庆签订番茄、辣椒产销订单1万亩，与周边省、市销售商签订大白菜、甘蓝订单0.8万亩，创建区实现了高效节水技术应用、有机肥应用、统防统治技术全覆盖、订单生产全覆盖、社会化服务全覆盖。

新疆维吾尔自治区轮台县

> **创建亮点：**

轮台县棉花绿色高质高效创建针对区域内适度规模经营水平低、棉花机械化采收推广慢等问题，通过以棉花滴灌节水技术为重点，将优良品种、科学管理、水肥一体化、科学调控、病虫害综合防治等棉花生产"全环节"绿色生产技术进行组装配套、集成优化，并组织开展棉花适度规模经营全程机械化生产，全面落实棉花种植、采收等"全过程"机械化农业技术措施。

新疆维吾尔自治区奇台县

> **创建亮点：**

奇台县小麦绿色高质高效创建积极发展优质强筋小麦、绿色有机小麦订单种植，补齐小麦供给结构性短板，围绕整地、播种、管理、收获等各环节，"全环节"推广成熟的绿色节本高效技术，构建以小麦种植专业合作社为主体，以统一种植品种、统一肥水管理、统一病虫防控、统一技术指导、统一机械作业为抓手的"全过程"社会化服务。依托县域内小麦加工龙头企业，打造"全链条"优质强筋小麦、绿色有机小麦订单种植和产销衔接。

新疆维吾尔自治区霍城县

> **创建亮点：**

霍城县玉米绿色高质高效创建围绕玉米生产"全环节"，积极推广玉米"一增五改"（合理增加种植密度，改种耐密型品种，改套播为平播，改粗放施肥为配方施肥，改人工种植为机械化作业，改早收为适时晚收）绿色高质高效栽培技术，全面落实秸秆还田、播前深翻、农药减量控害等关键技术。构建玉米生产"全过程"五统一社会化服务体系，通过以"玉米精深加工企业+农民专业合作社"为主体，大力推广优质精深加工玉米，实现玉米"全链条"订单生产。

黑龙江省农垦宝泉岭管理局梧桐河农场

> **创建亮点：**

互联网+产销综合技术模式，安装APP监控系统，选择优良品种，通过负离子叶面喷施技术，在增加大米的食味值的同时喷施5种功能元素，全程无农药、无化肥；全部施用生物有机肥，采取蟹稻共育技术、灯光诱杀除虫、性引诱剂诱杀、人工除草技术。单独收割单独存储单独加工按月定量配送。制定了儿童餐、老年餐、温馨家庭餐、全家福餐等四种套餐，满足各类客户的需要。

黑龙江省农垦前哨农场

> **创建亮点：**

前哨农场2018年绿色高质高效创建，农场大力推行"五个统一""九个结合"，实现了良田、良种、良法、良机、良制配套，提高生产组织化程度。同时，农场通过集成整地、播种、插秧、管理等各环节绿色节本高效技术，总结"最适"种植规模、"最省"人工投入、"最大"综合效益的绿色生产模式，实现了创建区平均单产达到600.1千克/亩，非创建区平均单产达到570.5千克/亩，创建区水稻产量较非创建区增产5.2%，实现了创建区水稻产量较非创建区增产5%以上的目标。

黑龙江省农垦建设农场

> ## 创建亮点：

　　黑龙江省建设农场集成绿色节本高效技术，实施良种良法配套，农机农艺融合。推广大豆"大垄高台匀植和行间降密"高产栽培技术。结合垄底深松，垄体测土分层定位定量深施肥，垄上精量点播、航化作业、健身防病、机械收获等综合配套技术，围绕"农业三减"，秸秆还田等措施，将单项高质高效技术集成组装配套，形成具有黑龙江农垦建设农场特色的大豆绿色高质高效创建新模式。促进大豆增产增效、节本增效、提质增效。农场重点在大豆种植上，采用钼酸铵拌种技术，使用钼酸铵2克拌大豆1千克种子，在大豆盛花期每公顷喷施钼酸铵150克+硼酸225克，可提高大豆蛋白质含量1.5%~3%。同时喷施叶面肥，改善品质，增加产量，实现高质高效。

第 三 部 分

2018年
绿色高质高效创建情况汇总

北京市

创建县：_1_ 个，其中国家级 _1_ 个；
创建面积 _1.5_ 万亩，示范带动面积 _12_ 万亩；
创建作物1 _玉米_ ：项目区平均亩产 _780.2_ 千克；
创建作物2 _小麦_ ：项目区平均亩产 _425_ 千克；
创建作物3 _甘薯_ ：项目区平均亩产 _2 540.6_ 千克；
创建作物4 _谷子_ ：项目区平均亩产 _306.68_ 千克。

天津市

创建县：_2_ 个，其中国家级 _2_ 个；
创建面积 _11_ 万亩，示范带动面积 _15_ 万亩；
创建作物1 _春小麦_ ：项目区平均亩产 _380_ 千克；
创建作物2 _露地辣椒_ ：项目区平均亩产 _2 260_ 千克。

河北省

创建县：_11_ 个，其中国家级 _11_ 个；
创建面积 _28_ 万亩，示范带动面积 _318_ 万亩；
创建作物1 _小麦_ ：项目区平均亩产 _535.88_ 千克。

山西省

创建县：__38__ 个，其中国家级 __12__ 个；
创建面积 __113.45__ 万亩，示范带动面积 __204.08__ 万亩；
创建作物1 _小麦_ ：项目区平均亩产 __400__ 千克；
创建作物2 _谷子_ ：项目区平均亩产 __301__ 千克；
创建作物3 _玉米_ ：项目区平均亩产 __606.5__ 千克；
创建作物4 _蔬菜_ ：项目区平均亩产 __4 300__ 千克。

内蒙古自治区

创建县：__12__ 个，其中国家级 __12__ 个；
创建面积 __736.5__ 万亩，示范带动面积 __1 269.7__ 万亩；
创建作物1 _玉米_ ：项目区平均亩产 __837.7__ 千克；
创建作物2 _大豆_ ：项目区平均亩产 __168.69__ 千克；
创建作物3 _马铃薯_ ：项目区平均亩产 __3 208.5__ 千克；
创建作物4 _水稻_ ：项目区平均亩产 __623__ 千克；
创建作物5 _小麦_ ：项目区平均亩产 __488.9__ 千克；
创建作物6 _向日葵_ ：项目区平均亩产 __234__ 千克。

辽宁省

创建县：__11__ 个，其中国家级 __11__ 个；

创建面积 165.7 万亩，示范带动面积 537.8 万亩；

创建作物1 水稻 ：项目区平均亩产 562.6 千克；

创建作物2 玉米 ：项目区平均亩产 639.6 千克；

创建作物3 花生 ：项目区平均亩产 278 千克。

吉林省

创建县： 13 个，其中国家级 13 个；

创建面积 195 万亩，示范带动面积 2 500 万亩；

创建作物1 玉米 ：项目区平均亩产 750 千克；

创建作物2 水稻 ：项目区平均亩产 650 千克；

创建作物3 大豆 ：项目区平均亩产 165 千克；

创建作物4 花生 ：项目区平均亩产 230 千克。

黑龙江省

创建县： 18 个，其中国家级 18 个；

创建面积 969.1 万亩，示范带动面积 1 069.5 万亩；

创建作物1 水稻 ：项目区平均亩产 535.76 千克；

创建作物2 玉米 ：项目区平均亩产 633.32 千克；

创建作物3 鲜食玉米 ：项目区平均亩产 1 450 千克；

创建作物4 大豆 ：项目区平均亩产 159.07 千克；

创建作物5 小麦 ：项目区平均亩产 244.9 千克；

创建作物6 蔬菜 ：项目区平均亩产 5 500 千克。

上海市

创建县：_2_ 个，其中国家级 _2_ 个；
创建面积 _41.6_ 万亩，示范带动面积 _39_ 万亩；
创建作物1 _水稻_ ：项目区平均亩产 _593.2_ 千克；
创建作物2 _蔬菜_ ：项目区平均亩产 _4 000_ 千克。

江苏省

创建县： _74_ 个，其中国家级 _15_ 个，省级 _59_ 个；
创建面积 _222.4_ 万亩，示范带动面积 _1 655.4_ 万亩；
创建作物1 _水稻_ ：项目区平均亩产 _658.6_ 千克；
创建作物2 _小麦_ ：项目区平均亩产 _468.4_ 千克。

浙江省

创建县： _10_ 个，其中国家级 _10_ 个；
创建面积 _123.7_ 万亩，示范带动面积 _226.31_ 万亩；
创建作物1 _水稻_ ：项目区平均亩产 _580_ 千克；
创建作物2 _水果（柑橘）_ ：项目区平均亩产 _2 000_ 千克；
创建作物3 _蔬菜（小番茄）_ ：项目区平均亩产 _6 100_ 千克。

安徽省

创建县：<u>18</u> 个，其中国家级 <u>18</u> 个；

创建面积 <u>153.8</u> 万亩，示范带动面积 <u>428.2</u> 万亩（不含小麦、油菜创建县）；

创建作物1 <u>双季早稻</u>：项目区平均亩产 <u>471.5</u> 千克；

创建作物2 <u>单季稻</u>：项目区平均亩产 <u>644.7</u> 千克；

创建作物3 <u>大豆</u>：项目区平均亩产 <u>151</u> 千克；

创建作物4 <u>茶叶</u>：项目区平均亩产（名优茶，包括涌溪火青、兰香茶、普通尖茶、乌龙茶、红茶）<u>21.1</u> 千克；

创建作物5 <u>蔬菜（杭椒）</u>：项目区平均亩产 <u>2 400</u> 千克。

福建省

全省创建县：<u>7</u> 个，其中国家级 <u>7</u> 个；

全省创建面积 <u>42.85</u> 万亩，示范带动面积 <u>246</u> 万亩；

创建作物1 <u>水稻</u>：项目区平均亩产 <u>482</u> 千克；

创建作物2 <u>茶叶</u>：项目区平均亩产 <u>124</u> 千克。

江西省

创建县：<u>13</u> 个，其中国家级 <u>13</u> 个；

创建面积 <u>218</u> 万亩，示范带动面积 <u>286</u> 万亩；

创建作物1 水稻 ：项目区平均亩产 507.46 千克。

山东省

创建县： 53 个，其中国家级 53 个；
创建面积 543 万亩，示范带动面积 1 000 万亩；
创建作物1 小麦 ：项目区平均亩产 549.3 千克；
创建作物2 玉米 ：项目区平均亩产 625.8 千克。

山东省青岛市

创建县： 4 个，其中国家级 4 个；
创建面积 50 万亩，示范带动面积 400 万亩；
创建作物1 小麦 ：项目区平均亩产 616.4 千克；
创建作物2 花生 ：项目区平均亩产 403.8 千克。

河南省

全省创建县： 53 个，其中国家级 53 个；
全省创建面积 480 万亩，示范带动面积 1 200 万亩；
创建作物1 小麦 ：项目区平均亩产 489.6 千克；
创建作物2 水稻 ：项目区平均亩产 630 千克；
创建作物3 芝麻 ：项目区平均亩产 110 千克；
创建作物4 茶叶 ：项目区平均亩产 42 千克；

创建作物5 _小杂果_ 。

湖北省

创建县： _19_ 个，其中国家级 _19_ 个；

创建面积 _191.4_ 万亩，示范带动面积： _480.5_ 万亩；

创建作物1 _水稻_ ，项目区平均亩产 _691.6_ 千克；

创建作物2 _小麦_ ，项目区平均亩产 _379.0_ 千克；

创建作物3 _油菜_ ，项目区平均亩产 _224.4_ 千克；

创建作物4 _马铃薯_ ，项目区平均亩产 _1 013.2_ 千克；

创建作物5 _花生_ ，项目区平均亩产 _321.8_ 千克；

创建作物6 _茶叶_ ，项目区平均亩产 _140_ 千克；

创建作物7 _蔬菜_ ，项目区平均亩产 _5 196.7_ 千克。

湖南省

创建县： _20_ 个，其中国家级 _20_ 个；

创建面积 _461_ 万亩，示范带动面积 _646_ 万亩；

创建作物1 _早加晚优项目_ ：项目区早稻加工稻平均亩产 _482_ 千克，晚稻优质稻预计平均亩产 _510_ 千克；

创建作物2 _水旱轮作模式项目_ ：项目区水稻平均亩产 _530_ 千克，油菜平均亩产 _133_ 千克；

创建作物3 _稻鱼（虾）综合种养模式项目_ ：项目区水稻平均亩产 _553_ 千克，虾亩产 _163_ 千克；

创建作物4 _特色旱粮模式项目_ ：项目区玉米平均亩产

_400_ 千克，大豆亩产 _150_ 千克，鲜甘薯亩产 _4 000_ 千克；

创建作物5 _茶叶_ ：项目区平均亩产 _600_ 千克（做黑茶）。

广东省

创建县： _9_ 个，其中国家级 _9_ 个；

创建面积 _85_ 万亩，示范带动面积 _180_ 万亩；

创建作物1 _水稻_ ：项目区平均亩产 _588_ 千克；

创建作物2 _花生_ ：项目区平均亩产 _336_ 千克；

创建作物3 _荔枝_ ：项目区平均亩产 _2 325_ 千克；

创建作物4 _香蕉_ ：项目区平均亩产 _41 182.2_ 千克。

广西壮族自治区

创建县： _8_ 个，其中国家级 _8_ 个；

创建面积 _69.26_ 万亩，示范带动面积 _83_ 万亩；

创建作物1 _双季稻_ ：项目区平均亩产 _429.7_ 千克；

创建作物2 _一季稻_ ：项目区平均亩产 _484.6_ 千克；

创建作物3 _沙田柚_ ：项目区平均亩产 _2 100_ 千克；

创建作物4 _蔬菜（水果西红柿）_ ：项目区平均亩产 _4 850_ 千克。

重庆市

创建县： 8 个，其中国家级 8 个；

创建面积 273 万亩，示范带动面积 128.8 万亩；

创建作物1 水稻 ：项目区平均亩产 614.81 千克；

创建作物2 甘薯 ：项目区平均亩产 2 186.7 千克；

创建作物3 马铃薯 ：项目区鲜薯平均亩产 1 260.2 千克；

创建作物4 茶叶 ：项目区平均亩产 66 千克。

四川省

创建县： 94 个，其中国家级 19 个，省级 75 个；

创建面积 372.3 万亩，示范带动面积 402.6 万亩；

创建作物1 水稻 ：项目区平均亩产 621.2 千克；

创建作物2 小麦 ：项目区平均亩产 428 千克；

创建作物3 油菜 ：项目区平均亩产 191 千克；

创建作物4 马铃薯 ：项目区平均亩产 1 772 千克；

创建作物5 玉米 ：项目区平均亩产 561 千克；

创建作物6 高粱 ：项目区平均亩产 382 千克；

创建作物7 杂粮 ：项目区平均亩产 198 千克。

贵州省

创建县：__10__ 个，其中国家级__10__个；

创建面积__97.17__万亩，示范带动面积__78.3__万亩；

创建作物1__水稻__：项目区平均亩产__478.61__千克；

创建作物2__马铃薯__：项目区平均亩产__462.18__千克（0.2
折粮）；

创建作物3__苦荞__：项目区平均亩产__160__千克；

创建作物4__高粱__：项目区平均亩产__296.82__千克；

创建作物5__茶叶__：项目区平均亩产__130__千克；

创建作物6__蚕桑__：项目区平均亩产__130__千克。

云南省

创建县：__12__ 个，其中国家级__12__个；

创建面积__110__万亩，示范带动面积__500__万亩；

创建作物1__水稻__：项目区平均亩产__590__千克；

创建作物2__玉米__：项目区平均亩产__613.7__千克；

创建作物3__马铃薯__：项目区平均亩产__1 560__千克。

西藏自治区

创建县：__35__ 个，其中国家级__4__个，省级__31__个；

创建面积 190 万亩，示范带动面积 350 万亩；

创建作物1 青稞 ：项目区平均亩产 360 千克；

创建作物2 小麦 ：项目区平均亩产 450 千克；

创建作物3 油菜 ：项目区平均亩产 150 千克；

创建作物4 马铃薯 ：项目区平均亩产 3 000 千克。

陕西省

创建县： 29 个，其中国家级 12 个（其中有4个县与省级创建县有重复），省级 17 个；

创建面积 143.93 万亩，示范带动面积 308.93 万亩；

创建作物1 小麦 ：项目区平均亩产 466.3 千克；

创建作物2 玉米 ：项目区平均亩产 568.6 千克；

创建作物3 油菜 ：项目区平均亩产 166.3 千克；

创建作物4 水稻 ：项目区平均亩产 601 千克；

创建作物5 马铃薯 ：项目区平均亩产 2 443 千克（不折粮）。

甘肃省

全省创建县： 8 个，其中国家级 8 个；

全省创建面积 172 万亩，示范带动面积 500 万亩；

创建作物1 马铃薯 ：项目区平均亩产 2 300 千克；

创建作物2 小麦 ：项目区平均亩产 600 千克；

创建作物3 玉米 ：项目区平均亩产 750 千克；

创建作物3 <u>蔬菜</u>：项目区平均亩产 <u>2 500</u> 千克。

青海省

创建县：<u>4</u> 个，其中国家级 <u>2</u> 个，省级 <u>2</u> 个；

创建面积 <u>65</u> 万亩，示范带动面积 <u>82</u> 万亩；

创建作物1 <u>小麦</u>：项目区平均亩产 <u>260</u> 千克，创建县平均亩产 <u>256.9</u> 千克，全省平均亩产 <u>210</u> 千克；

创建作物2 <u>马铃薯</u>：项目区平均亩产 <u>2 531</u> 千克，创建县平均亩产 <u>2 210</u> 千克，全省平均亩产 <u>310</u> 千克（折主粮）；

创建作物3 <u>玉米</u>：项目区平均亩产 <u>480</u> 千克，创建县平均亩产 <u>410</u> 千克，全省平均亩产 <u>490</u> 千克；

创建作物4 <u>油菜</u>：项目区平均亩产 <u>234.8</u> 千克，创建县平均亩产 <u>220</u> 千克，全省平均亩产 <u>131.6</u> 千克。

宁夏回族自治区

创建县：<u>10</u> 个，其中国家级 <u>5</u> 个，省级 <u>5</u> 个；

创建面积 <u>53.6</u> 万亩，示范带动面积 <u>346</u> 万亩；

创建作物1 <u>冬小麦</u>：项目区平均亩产 <u>371</u> 千克，创建县平均亩产 <u>224</u> 千克，全省平均亩产 <u>130</u> 千克；

创建作物2 <u>春小麦</u>：项目区平均亩产 <u>514</u> 千克，创建县平均亩产 <u>408</u> 千克，全省平均亩产 <u>350</u> 千克；

创建作物3 <u>水稻</u>：项目区平均亩产 <u>559.7</u> 千克，创建县平均亩产 <u>547.2</u> 千克，全省平均亩产 <u>554</u> 千克；

创建作物4 <u>玉米</u>：项目区平均亩产 <u>862.5</u> 千克，创建县平均亩产 <u>703</u> 千克，全省平均亩产 <u>491</u> 千克；

创建作物5 <u>蔬菜（甘蓝）</u>：项目区平均亩产 <u>3 117</u> 千克，创建县平均亩产 <u>2 992</u> 千克，全省平均亩产 <u>2 660</u> 千克。

新疆维吾尔自治区

创建县：<u>11</u> 个，其中国家级 <u>11</u> 个；

创建面积 <u>139</u> 万亩，示范带动面积 <u>468</u> 万亩；

创建作物1 <u>小麦</u>：项目区平均亩产 <u>381.5</u> 千克；

创建作物2 <u>棉花</u>：项目区平均亩产 <u>126.5</u> 千克（皮棉）；

创建作物3 <u>玉米</u>：项目区平均亩产 <u>706</u> 千克。

黑龙江省农垦总局

创建县：<u>9</u> 个，其中国家级 <u>9</u> 个；

创建面积 <u>167.1</u> 万亩，示范带动面积 <u>4 216</u> 万亩；

创建作物1 <u>玉米</u>：项目区平均亩产 <u>698</u> 千克；

创建作物2 <u>大豆</u>：项目区平均亩产 <u>201.8</u> 千克；

创建作物3 <u>水稻</u>：项目区平均亩产 <u>603.4</u> 千克。